直銷箴言集

陳得發 著

國立中山大學企管系教授
國立中山大學直銷學術研發中心主任
開南大學行銷系教授
中華直銷管理學會理事長
台灣直銷產業高峰會議召集人
台灣直銷協會商德約法督導人
自號「正派直銷的傳教士」

序 文

　　相信絕大多數民眾都曾有被推銷直銷產品的經驗，目前在台灣從事直銷工作者也有數十萬人，因此大家對直銷這行業並不陌生。

　　然而，不必諱言的，一般對直銷的印象卻往往是負面的，而所以如此乃是由於大多數的人，對直銷的不夠瞭解。因此直銷業者的當務之急，應該是如何揭開神秘的面紗，讓社會大眾可以導正觀念，認識直銷的真面目。本書「直銷箴言集」，是陳得發教授從長年推動直銷學術研究的觀察與體悟，將之累積成冊，公諸於眾，迄今依然有相當實用的價值。

　　得發兄是一位很優秀的教授，早年在中山大學教授統計學與高等統計學，雖然統計是一門很生硬的學科，數字更是枯燥乏味，但他講課卻很能別出心裁，使之變得很活潑生動，深獲學生好評。後來他對直銷學產生興趣，就在我擔任中山大學校長時來找我討論成立直銷學術研發中心的可能性。這在當時，許多教授並不贊成。但我認為陳教授有心協助直銷業者改善社會形象，未嘗不是一件好事，值得嘗試，因此支持他成立該中心。

　　陳教授不但成立了研發中心，積極推動直銷學術研究，每年舉辦直銷學術研討會，前前後後持續舉辦20多屆，還另籌組直銷管理學會，結合學術界與產業界的力量來推

動直銷業者正派經營，同時也發行了直銷管理評論期刊，讓直銷業者可從期刊中的研究成果得到經營管理上的啟發。諸如此等對於直銷的研究與推廣，他一直是不遺餘力，持久不輟，對直銷業的健康發展著實有莫大的貢獻。

我個人早年也有些被推銷直銷產品的經驗，在我大學時期，曾有個外國人來我家推銷大英百科全書，但他並沒有介紹大英百科全書的內容，僅說這一套書籍一共好幾十本，作為佈置客廳的裝飾甚是氣派，這般說詞當然不能說服我，更何況當時我對直銷人員的素質與專業本來就沒有好印象。幾十年後，我又遇到一群護理人員推銷一種酵素，說除了可以提升免疫力，還可有減輕體重的效果，譬如說，停止進食只喝酵素連續兩週，就可以減重9公斤以上，且若達到預期減重的目標，可以得到與購買酵素等額的獎金，因為他們對產品專業的解說，且服用期間護理人員也會不時關心瞭解我的身體狀況，綜合這些因素，倒真的讓我想挑戰看看。果然我成功地在兩週內減重11公斤，事後我還做健康檢查，身體一切都很正常，顯示該產品並沒有對身體造成傷害。此次經驗，讓我更深刻體會，直銷業者素質的良窳參差不齊，應該是整個直銷產業的發展受到限制的主因。

因此直銷業者需要有自律的做法，譬如說組成直銷協會，制定自律公約，來自我約束，甚至也可透過平面媒體，對直銷業做些深入詳實的報導，讓大家對這行業有新的認識。目前政府也已透過公平交易法，對多層次直銷管理訂

定辦法，希望能透過這些規範與制約，多鼓勵直銷業者，正派經營。但即使如此，或許由於資訊不對稱，宣導不周，仍很難達到預期的效果，讓消費者仍然感到撲朔迷離，難以認辨，無法有進一步的發展。

現在網際網路非常發達，個人建議直銷業者應該共同成立一個平臺，將相關產業資訊與正派經營業者名單公布在這平臺上，讓消費者在選購直銷商品時，可以加以認識評選。或者，有直銷的消費糾紛時，可讓業者答覆說明以釐清真相。成立一個這樣的平臺，可以讓消費者與直銷業者建立良性的互動。另外直銷業者應該透過直銷管理學會或第三方機構來加以認證，讓消費者得以辨識可信賴的正派經營者，擇優汰劣，才是正辦。

最後，特別值得強調的，陳得發教授在這本直銷箴言集裡，提到了如何規範直銷業者，如何協助直銷業者從事經營管理，以及如何提升直銷人員的素質等等，都有詳細的論述，體系完整且兼備實務的認知，值得所有業者人人細心體會，並付諸實踐。個人對其如此發心與理想作為，深受感動，爰樂為之序，並共策其成。

中華大學校長 劉維琪
2017 年 12 月

目錄

第一章

1.1　多層次直銷激勵作用大 濫用風險高 3
1.2　經營直銷不要呷緊弄破碗 5
1.3　直銷機制創造團體歸屬感 7
1.4　好學的上線提升直銷組織素質 9
1.5　分享通路利潤直銷從業人員得天獨厚 11
1.6　直銷公司產品需推陳出新 13
1.7　什麼產品適合直銷？ 15
1.8　直銷業良幣結合驅逐劣幣 17
1.9　商德約法建立大眾對直銷業的信心 20
1.10　打造直銷業形象從公益做起 22
1.11　直銷業若有異狀通報害群之馬將無以立足 24
1.12　追求新知才能追求卓越 26
1.13　直銷業應加強正派直銷觀念的宣導 28
1.14　開禁又禁 大陸直銷市場難上路 30
1.15　直銷學術研究與直銷業的互動 32
1.16　找直銷對象準備作業不可少 34
1.17　直銷產品價格禁得起比較 36
1.18　尋找目標市場提昇直銷效率 38
1.19　網際網路可對直銷業帶來幫助 40
1.20　稱職上線是要營造快樂環境 42
1.21　中國人適合關係導向直銷 44

1.22　直銷適合各種不同成就動機的人 46

1.23　直銷產業博覽會有助形象提升 48

1.24　大陸直銷市場若開放請珍惜 50

1.25　「誠信」是經營直銷的不二法則 52

1.26　築夢與同路人直銷員的兩大法寶 54

1.27　很多人不知不覺在做直銷 57

1.28　政府的有效管理可以帶來直銷市場的繁榮 59

1.29　多層次直銷的概念和早期的民間銷售模式不謀而合 62

第二章

2.1　直銷人員要勇敢的肯定自己的身份 67

2.2　直銷要確立其為行銷通路之一的合法地位 69

2.3　上線直銷員扮演亦師亦友的重要角色 71

2.4　經營直銷要理性與感性並重 74

2.5　直銷員的言行會影響公司的形象 77

2.6　銷界應和學術界密切合作以創造雙贏的局面 79

2.7　直銷獎金制度的基本精神 82

2.8　忠誠的顧客是直銷的命根 85

2.9　事業型直銷員需要企管的教育訓練 88

2.10　發揮創意經營一個不一樣的直銷組織 91

2.11　創造品牌價值是直銷公司努力的方向 94

2.12　直銷公司的獎金概念正逐漸被引用 97

2.13 重視消費者加入直銷的心理建設 100

2.14 打造直銷組織崇高的形象 103

2.15 直銷公司的門市通路策略 106

2.16 直銷是先加入先贏？ 109

2.17 經營直銷也可以為公益團體籌募經費 112

2.18 多層次直銷業對大陸直銷管理法規之應變措施 115

2.19 大家一起來推廣直銷商德約法 119

2.20 直銷是高成本的行業？ 123

2.21 台灣要引領世界的直銷學術研究風氣 127

2.22 直銷要從「心」做起 131

2.23 直銷的定義 135

2.24 直銷更要講究商道 139

2.25 校園直銷論壇是提升大家對直銷瞭解的途徑 143

2.26 直銷公司必須建立優質的企業文化 146

2.27 直銷逐漸成為熱門的行銷通路 150

第三章

3.1 直銷在台灣的發展經驗 155

3.2 消費型直銷員是直銷公司的忠誠顧客 159

3.3 參加直銷是個人成長的機會 162

3.4 多層次直銷具有推廣業績的爆發力 165

3.5　中小直銷企業的出路 168
3.6　華人世界直銷通路的新變革 175
3.7　市場安定是大陸開放直銷市場的第一優先 179
3.8　打擊非法直銷要產官學通力合作 183
3.9　世界直銷聯盟第十二屆世界大會參加心得—行銷通路的整合 188
3.10　直銷市場的健全發展要靠大學開設直銷課程 192
3.11　大陸對直銷市場的規範帶來直銷通路的變革 196
3.12　禁止團隊計酬對直銷業的衝擊 200
3.13　直銷制度的演變 204
3.14　直銷合法化之後學術界應開始研究直銷 209
3.15　台灣即將建立直銷事業評鑑認證制度之探討 213

第四章

4.1　中國直銷市場的管理與展望 221
4.2　直銷運作的基本觀念 226
4.3　單層直銷的教育訓練和多層次直銷有很大的差異 232
4.4　校園直銷學術論壇可以啟動直銷學術研究 236
4.5　直銷公司應該藉教育訓練來引導直銷員的行為 240
4.6　直銷團隊的功能和價值 244

01 多層次直銷
激勵作用大 濫用風險高

前一陣子出席幾家管理顧問公司對直銷人員的教育訓練，以及直銷公司的表揚大會，都聽到有人說「直銷」是美國麻省理工學院 (MIT) 的教授發明的，這樣的說法與我所知的大相逕庭，讓我好生納悶。經與世界直銷聯盟 (WFDSA) 秘書長歐芬 (Offen) 先生查證之後，確定我的認知是正確的，因此向大家做一個完整的說明。

直銷 (Direct Selling) 是很早就存在的商業模式，是由產品製造公司、生產單位或產品進口商，請人將其產品在不特定的地方，以面對面的方式，直接介紹、銷售給消費者的銷售模式。以前沿街叫賣或挨家挨戶去推銷產品的業務員，就是早期的直銷員。台灣壽險業的業務員會到客戶家中或辦公場所，甚至約潛在客戶到咖啡廳去介紹壽險保單，這種方式也都可稱為直銷。

近代的直銷，強調直銷員不領公司的薪水，根據公司的制度直接自其銷售業績中領取一定比例的佣金或獎金；因此直銷員和公司之間沒有僱傭關係，可以減輕公司的固定人事薪資成本、勞健保費用和退休金等員工福利的負擔。直銷員因為不領公司的薪水，可以不受公司太多的約束，在工作上有更大的彈性和自由，許多人也就選擇以直銷為其副業。這是為何直銷的從業人員當中，大部分為兼職的原因。

多層次直銷 (Multi-level Marketing, 或稱 Network Marketing) 簡稱直銷，是 1945 年美國加州的李麥汀傑 (Lee Mytinger) 和威廉卡索伯瑞 (William Casselberry) 二人為一家叫做「紐催萊」(Nutrilite) 的營養保健食品公司所設計的一套直銷獎金制度。這套劃時代的制度，也是直銷的一種，其重點在於一套階梯式的業績獎金比例分配辦法，業績愈高的，領到獎金的比例也愈高。直銷員除了自己去推銷公司的產品之外，還可以鼓勵他的客戶加入直銷員的行列，成為他的下線；下線的業績可以和他的業績合併計算，以領取更高比例的獎金。由於業績獎金的領取比例有上限，因此當下線的業績達到獎金最高比例時，上線就無法從這位下線業績分享到比例差額的獎金，這時候這位下線就會獨立出來，不再是他的下線。

　　這一套多層次直銷的獎金制度，激勵作用甚大，可以使公司的業績快速成長，但因為有些不肖業者用這套制度來斂財，造成很大的社會風波，使很多人因此聞「多層次直銷」而色變！但歸根究底，這套制度如一件「利器」，善用之則福國利民；若被不肖之徒濫用，則成「凶器」會禍國殃民。其關鍵在「使用人」的賢明或不肖，而不在這套制度的好壞！

 經營直銷
不要呷緊弄破碗

　　有一天我以前的研究助理來向我抱怨一個發生在她身上的不愉快經驗，她說，一個多年不見的同學，幾天前打電話給她，告訴她彼此很久不見了，很想和她聚一聚，敘敘舊。於是她就把這個訊息告訴她先生，請她先生一起去認識她多年不見的同學，她先生也欣然同意。見面的那天，她的同學寒喧幾句之後，就開始向他們介紹直銷公司的產品和獎金制度，鼓勵她們來從事直銷。她先生以為是老同學要敘舊，結果卻是要來請他們加入直銷，心裡就非常不高興，不過礙於禮貌，當場不便發作，回家之後，夫妻倆就吵了一架！所以第二天，這位助理就跑來問我，她的同學這樣做是否恰當？我聽了之後真是感觸良多！

　　根據世界各國對直銷的研究報告顯示，直銷最讓人詬病的地方，就是直銷商為了拓展下線或推銷產品，會用盡各種人脈，找各種機會來談直銷，讓人們感受很大的壓力，而產生反感！結果是當朋友知道某人在做直銷以後，對其邀約見面，常常避之唯恐不及！這真是莫大的悲哀！因此我常勸做直銷的朋友不要「呷緊弄破碗！」（意即「欲速則不達！」）。

　　直銷是一個可以做一輩子的兼差或事業，靠的就是人脈！對於自己的人脈要好好的經營與規劃，不必為求一時業績的突破，

而斷送許多良好的關係。我建議的做法是，在與朋友聚會聊天的場合，可以不經意的提到自己所從事的直銷事業與其產品，視大家的反應來決定是否該繼續深入談論。若大家有興趣，則可以談一些產品的特點及自己使用的心得，但不要馬上談獎金制度。若有適當的機會，可以視朋友的需求，介紹他可能會喜歡或需要的產品；也可以送他一份產品或以半買半送的方式推薦給他。過一段時間再去問他使用的情形或示範給他看，並回答他可能提出的問題；等他差不多用完之後再去問他有沒有繼續使用的意願。假如產品品質優良，而且符合他的需求，他應該會有意願再繼續使用；如果他沒有意願就要了解原因，並加以解釋。若是問題出在產品上，就要將問題反映給公司或上線直銷員。

　　等到朋友真正喜歡公司的產品之後，他自然會來詢問產品的來源與購買的方式，這時候可以鼓勵他加入會員，以獲得較優惠的價格。等他再使用一陣子，還是非常喜歡這項產品的時候，就可以鼓勵他以「好東西要和好朋友分享」的精神，將這項產品介紹給他的親友，而由你來協助說明產品的特點與功效。這時候你就可以向他解釋公司的獎金制度，並建議他以直銷為兼職，接受你的輔導來推薦產品給他的親友。

　　以這樣的方式來做直銷，不會給親友太大的壓力，自己也不會覺得在賺朋友的錢而心懷愧疚。雖然業績的成長不會很快，但是這些產品的愛用者將永遠感激你的引薦，並成為忠實的顧客或下線，你的業績將會穩定的成長！

03　直銷機制創造團體歸屬感

多層次直銷的機制可說是「人員行銷」的革命創舉！以往的人員行銷，都是業務員單打獨鬥的方式。要從事業務員工作的人，需要接受一套專業訓練，其中最重要的一項，是如何面對顧客的推拒與質疑，另一項重點是如何讓顧客簽約購買產品。因此雖然不是每一個業務員都能做得很好，但至少在他們出發上路之前，都有接受專業訓練與心理準備，所以面對顧客的拒絕或質疑，他們都能坦然面對，也能不屈不撓，再接再厲的遊說，以達到成交的目的。我們碰到業務員時，很清楚他的來意是做生意，因此他的所作所為，我們都以生意的眼光來看待。

直銷員和業務員有很大的區別，首先，他們開始的心態大都不是要做生意，都沒有接受業務員的專業訓練；其次，他們介紹產品的對象，大多是自己的親朋好友，要他們去賺親朋好友的錢，會讓他們，甚至他們的親朋好友，感覺怪怪的，好像親情友情變成秤斤論兩的商業關係！那麼是否應該讓直銷員接受業務員的訓練呢？成功的直銷員是否會具備和超級業務員一樣的特質呢？我認為假如真的朝這個方向發展，將使直銷文化徹底變質！

直銷的特點應該是口碑和見證，一個人是因為對直銷公司的產品有需要，才去接觸直銷。當自己使用過產品，體驗到產品的

好處，變成產品的愛用者之後，基於「好東西要和好朋友分享」的善意，將產品推薦給有需要的親朋好友，其動機不是要做生意，不是要賺錢；所以心理上坦蕩蕩，不會不好意思，更不必鼓起如簧之舌來推銷，自己的使用經驗和效果就是最好的口碑和見證。

　　但是自己的一片善心好意，不一定會獲得對方的理解，對方的排斥甚或冷嘲熱諷，將使挫折感油然而生。一個人受到挫折，假如自怨自哀，很可能就會放棄或打退堂鼓。這時候直銷的特點「上線輔導」就發揮它的功能。當上線直銷員將所有下線聚集起來，每一個人把自己遭遇的挫折講出來之後，才發現原來大家都有類似的經驗。經過互相打氣交換經驗之後，就會感覺自己的背後有一群人可以當自己的後盾，信心又重新建立，精神百倍！同時因為經驗的分享與互相鼓勵，感覺到強烈的團體歸屬感，滿足人們社會認同的需求。所以一個成功的上線直銷員，就像一個團隊的領導人，經營出團隊的活力與向心力。這是直銷機制中最特別也最可貴的地方！有很多直銷員，原來是個家庭主婦或是一般企業的內勤人員，平常的生活平淡乏味，但是加入直銷之後，感覺生活有更多的樂趣、生命有崇高的目標，整個人都變得更加亮麗活潑，這都是直銷上下線制度所帶來的效果。當然上線是否用心，是成敗的關鍵！

04 好學的上線
　　　提升直銷組織素質

直銷員在加入直銷之前，大部分都沒有業務的經驗，因此在加入直銷之後，都靠上線的安排來學習如何銷售產品與吸收下線。上線為了要培養下線成為好的直銷員，除了自己親身示範之外，通常會鼓勵下線去參加公司主辦的教育訓練。而直銷公司的教育訓練，其內容多以產品的介紹與獎勵制度的解說為主，偶而會有銷售技巧的訓練。

一個傑出的直銷員，其下線通常繁衍數代，下線的總人數動輒數百人，甚至上千人，要如何經營、領導這麼多的下線，其學問不比經營一家企業簡單。所謂的組織氣候、組織文化，通常都要靠上線去塑造，去經營。但不是每一個上線都是學識淵博，或深諳領導統馭之道，因此藉助教育訓練來提昇自己的管理理念和經營視野，便成了直銷員必修的學分。另一方面，上線要照顧自己的家族，增強家族成員的向心力，除了加油打氣之外，聘請專業講師來為自己和下線上課，豐富家族聚會的內容，讓大家都有共同的經營理念，也是領導下線的好方法。我們觀察直銷員的活動，會發現直銷員是相當好學的族群。很多人本來是沉默寡言，害羞木訥的個性，加入直銷之後，因為上線的領導，組織成員的互相激勵，和教育訓練的影響，有脫胎換骨的感覺，這都是群體

學習，組織互動的功勞。

　　台灣經濟部中小企業處為鼓勵全民進修學習，有「終身學習護照」的制度，所有國民都可以向「中小企業處研訓中心」申請一本學習護照；只要和中小企業管理有關的教育訓練課程，經過研訓中心認證的，去上過課的人都可以在學習護照上登錄，作為個人學習成長的記錄；雖然沒有學分或學位，但有些單位會將學習護照的記錄列入考核或聘僱的參考。

　　台灣有將近三百萬人的直銷員，大家對教育訓練都很熱衷，在直銷業的整體形象仍待提昇的狀況下，若能鼓勵所有直銷員都去申請一本「終身學習護照」，將個人學習進修的經歷登錄在學習護照上，留下完整的記錄，讓大家了解直銷員好學進修的熱忱，對於直銷員社會形象的改善，應會有莫大的幫助。

05 分享通路利潤
　　 直銷從業人員得天獨厚

　　直銷是零售通路的一種，它和傳統的零售通路有些相同，也有些不同。直銷是將產品或服務自生產商或進口商的手中，透過直銷員銷售給消費者。直銷中的多層次直銷有好幾代的直銷員，可以把它看成是有好幾階層的零售通路，就好像傳統零售通路有大盤商、中盤商、小盤商一樣。

　　傳統通路為了讓消費者知道產品、認識產品、購買產品，必須運用各種促銷手段。最常用的促銷手段是媒體廣告，廣告的支出佔通路成本的大宗，尤其是美容保養品，更是靠媒體廣告來建立其市場知名度和地位。其次要靠物流配送、零售點的建立和擺設位置的選擇，來建立產品與消費者的接觸關係，以達成搶佔市場的目標。經過層層通路商的配送和廣告促銷，成本不斷提高，產品價格也就不斷加碼；曾經有人估計過，傳統通路的通路成本，平均大約佔售價的 56％。

　　直銷通路利用直銷員建立的下線組織，藉著直銷員主動的介紹和說明，將產品銷售給消費者；把省下的廣告促銷費用和層層通路的配送和開店費用，改為各種名目的獎金，發給各級直銷員。近來由於直銷公司家數增加，市場競爭激烈，有些直銷公司為了建立知名度，開始做一些公司的形象廣告，但沒有去做產品廣告，

所以廣告成本增加有限。很多人都認為直銷產品的價格偏高，而且認為價格偏高的主要原因，是因為發給直銷員高額獎金的緣故。但是根據台灣行政院公平交易委員會歷年的調查統計，直銷業發放的獎金金額平均為營業額的 46％左右。

　　將傳統通路的通路成本和直銷獎金來比較的話，直銷獎金佔產品售價的比例顯然比傳統通路的通路成本還低！因此以直銷員賺取高額獎金來歸咎直銷產品價位高，顯然不是一個合理的說法。更進一步分析，傳統通路的通路成本中，有些是通路商的利潤，譬如便利商店店主的零售利潤，或批發商的利潤，這些利潤只有通路商才能享有，一般消費者完全沒有機會去分享。再看直銷產業，一般的消費者只要願意，不用投入數百萬元的加盟金，也不用開店，只要上線推薦，繳交不到千元台幣的講義費，即可加入成為直銷員，開始具備領取直銷獎金的資格。銷售得越多，領取的獎金比例也越高，只要個人肯努力，沒有人會擋住你領取高額獎金的機會。

　　每一個消費者都有分享直銷獎金的機會，卻沒有分享傳統通路利潤的機會，這是直銷業和傳統零售通路最大的區別！

06 直銷公司產品需推陳出新

直銷靠的是口碑和見證，所以直銷公司賣的，都是需要有人來講解說明其特點或用法的產品。為了建立口碑，公司剛開始營運的時候，通常都有一項主力產品，這項產品不是原料很特別，就是製造方法與眾不同，而且一定要有特殊的功效，可以讓直銷員感受到其顯著的特點。直銷員自己使用覺得滿意之後，再去推薦給別人的時候，就會以自己的親身體驗為見證，講得理直氣壯，而且充滿熱誠，更增加說服力。藉著直銷員的口碑和見證，產品的知名度就會日漸普及。直銷員藉著推薦產品和吸收、培養下線，既有助人的成就感，又有業績獎金和組織領導獎金可以拿，真是何樂而不為！

不過市場上競爭的產品很多，有些是其他直銷公司的類似產品，有些是傳統通路的同類產品。在自由競爭的市場，每一項產品都有它的生命週期，從剛推出的萌芽期緩慢成長，進入成長期後，銷售業績會突飛猛進，當邁入成熟期之後，直銷員會發現產品的銷售成長趨緩，下線的吸收也日漸困難。因此直銷公司必須不斷的投入研發的工作，將主力產品不斷的研究改良，推陳出新，再創產品的第二個生命週期，以維持業績的成長。

當公司逐漸茁壯，隨著直銷員人數的不斷增加，一個組織龐

大的經銷網絡也逐漸形成。這個直銷組織網就是一個威力強大的行銷通路，也是公司的最大資產。這些直銷員認同公司的產品和經營理念，也藉著獎金制度的維繫，成為公司的忠實顧客。公司的責任就是要讓這些忠實的直銷員有東西可以買，有東西可以賣，同時也有錢可以賺。我們可以把這個直銷員組織網看成是人體的血管，血管裡面假如血液充沛，流通順暢，就會更有活力，更加健康；否則血液不足，血流不暢，血管就會日漸萎縮，終至衰亡。血液就是公司的產品，公司假如有充足的優良產品，在這個銷售網裡面流通，則消費者有需要的產品可以買，滿足他們的需求；直銷員有機會賺取獎金，更加賣力；公司獲得相當的利潤，投入更多研發；政府稅收豐富，則整個國家經濟更蓬勃發展。因此，直銷公司在達到相當規模之後，除了創業時的主力產品之外，必須開發或引進其他產品，使直銷員有更多的銷售機會。

07　什麼產品適合直銷？

有人開發製造或代理一種產品，想要在市場銷售，不知應該採用傳統通路或直銷通路，假如要採用直銷通路的話，應該如何著手進行，這是本中心經常碰到有人來詢問的問題。

基本上，通路的選擇要從產品特性和目標市場來考慮，而且也很難說哪一種通路一定較好。我們從直銷市場第二大宗的美容保養品來看，傳統通路市場有很多知名的品牌，經營得非常成功，但是直銷通路也有很多公司以美容保養品為主，同樣經營得有聲有色。不過根據本中心的觀察研究，大概可以歸納出採用直銷通路的產品必備的特性：首先，直銷產品必須要有足以讓直銷員引以為榮或引以為傲的特性，可以讓他們用以引發話題來介紹產品；其次，直銷產品必須是經常需要使用的東西，用完之後還要再購買，如此直銷員掌握一個消費者，就可以保證有經常性的銷售收入；第三，直銷產品要屬於中高價位的高級產品，而且要讓人感覺物超所值，因為直銷員要花相當的時間和精力來尋找和說服顧客購買產品，低價位的產品不值得他們花那麼大的精神；沒有物超所值得的話，他們也會遭遇顧客的質疑和抗拒。

大部分的直銷公司目前還沒考慮到目標市場的定位，主要的原因是直銷產品的銷售是由直銷員來主導；而直銷員在尋找顧客

或下線時，都是從自己的人脈去開發，而且會充分運用完自己的人脈之後，才會再去開發新的人際關係。所以不像傳統通路，很難運用市場區隔的策略，市場擴充的速度也較緩慢。由此看來，假如一家公司的產品僅適用於小眾市場，採用直銷通路可能就較為困難。

　　採用直銷通路的優點是開始的時候，不需要投入非常龐大的資金，因為在各地舉辦直銷員創業說明會時，可以租用飯店或會議中心的場地，有辦活動時才需要付租金；而傳統通路要長期租店面或專櫃，不論有沒有業績都要付租金；傳統通路需僱用業務人員或店員，成為一筆固定的人事費用，而直銷公司的直銷員不是公司的員工，不需要付固定的薪資，只有在直銷員有銷售業績時，再從營業收入中提撥一定比例的獎金給直銷員，所以直銷通路的人事成本負擔較輕；運用傳統通路銷售產品，需要靠廣告促銷來吸引消費者的注意，並激發他們的購買慾，這方面的支出佔營業額的比例相當高，而且效果難料，而直銷通路靠直銷員主動積極推銷，成功之後才需付獎金，也省了公司一大筆開支。從以上的分析看來，好像直銷通路比傳統通路好很多。

　　傳統通路的優點在於透過通路商，可以很快的佈設大量的零售點，若產品本身具競爭力，經過公司或通路商的廣告宣傳，很可能在很短的時間就席捲市場，帶來豐沛的利潤；其通路及廣告促銷的成本是固定的，若營業額變大，公司的獲利就會比直銷通路大很多。所以選擇傳統通路或直銷通路還是需要仔細考量。

08 直銷業良幣結合驅逐劣幣

美國直銷產業在20世紀初期開始萌芽,到1945年因為紐催萊公司多層次直銷制度的推出而造成一股旋風,許多公司紛紛仿效紐催萊公司的獎金制度,吸收直銷員來銷售產品,整個美國直銷產業一片欣欣向榮。可惜好景不常,由於直銷制度的強大威力,讓一些不法之徒想到利用直銷制度來斂財。

基本上這些非法的公司都是掛著直銷公司的招牌,以虛有的產品,或價值不高的產品來銷售。它們所強調的是,消費者購買相當金額的產品就可以加入公司成為會員;成為公司會員之後就有資格去推銷產品或吸收下線,下線購買產品的金額中有相當的比例會發給上線直銷員當獎金。因此只要找幾位下線入會之後,自己當初加入會員購買產品所花的錢就可以全部回收,日後再吸收下線或從下線銷售的業績所分得的獎金就是淨賺的部分。在這整個發展的過程當中,產品只是一個媒介,參加人著眼的,其實是吸收下線分享獎金的權利。這種金錢數字的遊戲,沒有真正有價值的產品做基礎,通常無法維持太久,頂多一兩年就難以為繼。由於其會員數目的發展以幾何級數增加,那些最後加入的受害者,其數目會非常龐大,將造成嚴重的社會問題。

這股非法直銷的歪風在1960年代肆虐於美國,造成社會大眾

對直銷的誤解，聞直銷而色變，使正派經營的直銷公司也慘遭池魚之殃。美國司法單位強力介入取締和偵辦，連安麗公司也在1975年被以非法直銷公司起訴，經過四年的訴訟、調查，直到1979年被裁定為合法經營之後，正派經營的直銷業才露出一線曙光。這些非法的直銷公司流竄到歐洲、日本，也造成很大的風潮，讓一般社會大眾對直銷留下錯誤的惡劣印象；接著台灣、大陸、東南亞也無一倖免，這是為什麼正派經營的直銷公司要面對社會歧視的原因。

正因為社會大眾的成見已深，正派經營的直銷公司要花加倍的努力來贏得社會的接受，這不是一家直銷公司獨力可以完成的；只要有害群之馬出現，一顆老鼠屎會壞了一鍋粥，所以正派經營的直銷公司一定要團結起來，藉團體的力量來提昇產業的形象，也藉團體的力量來預防、抵制非法公司的危害。美國的直銷公司在1968年組成直銷協會，目的就是要群策群力，共同提昇直銷產業的形象；當美國的直銷公司到外國發展的時候，也會結合當地的直銷公司組成當地的直銷協會。1978年各國的直銷協會在美國直銷協會的推動之下，組成了世界直銷聯盟(WFDSA)，以世界各國或地區的直銷協會為會員，就是希望全世界的直銷公司都能團結起來，共同來提昇直銷的形象。

台灣的直銷協會有30家會員公司，但是台灣有在營運的直銷公司有252家，也就是大部分的公司都不是直銷協會的會員！我們希望正派經營的直銷公司能夠團結起來，最好都能加入直銷協會，成為一個大家庭。在還沒達到這個目標之前，直銷產業高峰會先扮演一個對話的平台，讓正派經營的直銷公司在這個平台

上交流，增進彼此的了解，共同為提昇直銷的社會形象來努力。

（註：台灣在 2015 年由一家本土直銷公司發起成立直銷公會；依法，所有直銷公司都要加入直銷公會。）

 ## 商德約法
建立大眾對直銷業的信心

1960年代在美國出現假直銷之名，行斂財之實的非法傳銷公司，到處拉人頭斂財，造成很大的社會風波，使直銷業蒙上不白之污名；其後更蔓延到歐洲、日本、台灣甚至中國大陸，使「金字塔販售術」、「滾雪球制度」、「老鼠會」等非法斂財的惡名變成直銷的代名詞，社會大眾與政府單位也視直銷為洪水猛獸，不只避之唯恐不及，更群起抵制。直到1979年美國法院判定有一些直銷公司是合法經營之後，才露出一線生機。

在市場被非法公司破壞得滿目瘡痍之下，合法經營的直銷公司要重整市場秩序，就需要花費加倍的努力！美國的直銷協會為了建立市場對直銷的信心，在1990年代制定了「商德約法」的自律公約，規範直銷公司和消費者之間的關係，要求直銷人員和消費者接洽時，就要表明自己是直銷員的身分和代表的公司名稱，及接洽的目的，不可假藉其他名義來進行直銷的活動，以免讓消費者被誤導。此外還要求介紹產品時，必須誠信，不得誇大，引用不實的見證；舉其他公司產品作比較時，也要公平誠實，不得有誤導的行為。消費者購買產品之後，要給予一段冷靜期，在冷靜期期間若消費者決定不買了，必須容許無條件退貨。

整個「商德約法」的精神，就是要建立公平的商業銷售行為，

不容許直銷公司或直銷員利用消費者資訊不對稱的劣勢來銷售產品；或讓消費者在人情壓力下，倉促作出購買的決定，事後沒有補救的機會；更禁止直銷公司或直銷人員藉鼓勵消費者再介紹其他親友購買產品，以賺回自己購物的支出，甚至賺取佣金，來誘導消費者購買產品。

「商德約法」的規範標準比一般消費者保護法更嚴格，給消費者更大的保障，其出發點就是要用更嚴格的道德標準，來贏得社會大眾的認同。這個商德約法經過世界直銷聯盟的推廣，規定世界各國或地區直銷協會的會員公司都要簽署遵行。台灣的直銷協會也根據世界直銷聯盟所制定的商德約法訂定台灣的商德約法，協會的會員公司都遵循不逾。非直銷協會的直銷公司數目龐大，若是正派經營的公司，也應參考直銷協會的商德約法，一體遵循，加強自律，才能早日重建社會大眾對直銷產業的信心。

10 打造直銷業形象從公益做起

還記得六年前當我要在中山大學成立直銷學術研發中心的時候，面對校內同仁的質疑和阻撓，大部分老師都認為直銷和老鼠會難以劃清界線，要在國立大學成立一個研究老鼠會的中心，實有不妥。幸好當時的校長可以接受我對直銷和老鼠會有所區別的說法，並抱著鼓勵學校老師開創各種新研究領域的態度，給予相當的支持，才能在各級會議中說服同仁給予嘗試的機會，而得以成立全世界第一個在大學裡面專門研究直銷的學術研究中心。

這幾年來為了證明自己的看法是正確的，除了向直銷協會及各大直銷公司尋求財務支援之外，也積極籌辦各種直銷的學術活動，鼓勵各大專院校的老師和學生以直銷作為他們研究的主題，在直銷學術研討會上發表，促進學術界和直銷業之間的交流。各大直銷公司也非常配合，除了自己嚴格自律，建立公司正派經營的形象之外，還敞開封閉的大門，接受學術界的調查研究，使直銷的學術研究能較為順利的推動。更由於主管機關「公平交易委員會」對非法直銷行為的嚴格取締，並對直銷學術研發中心給予相當的肯定和重視，在歷次的直銷學術研討會上，都由主委或副主委親臨致詞，給學術界和直銷業界帶來莫大的鼓舞。

就在直銷產、官、學三方共同努力的影響下，直銷業在台灣

漸漸獲得社會大眾的肯定和接受，有些學校的同仁還會和我談到他們使用某家直銷公司的產品，感覺不錯的經驗！ 2005 年在經濟不景氣的環境中，直銷業的業績居然逆勢成長，達到歷年第二高的水準！

　　不過距離被全面接受和肯定，直銷業還有很長的路要走，大家必須戒慎恐懼，一方面維持公司的正面形象，一方面合作建立整個產業的優良形象。2003 年我們開始發起「直銷業聯合公益活動」，第一年製作愛心 T-shirt，由各公司認購義賣，將義賣所得由各直銷公司捐給育幼院；第二年配合「布農文教基金會」和「罕見疾病基金會」的安排，認購「種一棵小樹 預約一個健康寶寶」─布農之旅，協助布農文化建設和環境保護，並捐助新生兒篩檢計劃；第三年再配合「罕見疾病基金會」的「千人愛心大拼布」募款活動，集體認購超大拼布，以捐款給「螢火蟲家族獎學金」。當年獲得直銷業熱烈響應，有 20 家以上的直銷公司來認購，共同建立直銷業的公益形象。

 直銷業若有異狀通報
害群之馬將無以立足

　　2006年直銷業在台灣有252家公司實際在營業,已經吸引了三百二十六萬多民眾參加,佔全台灣人口的14.56％,比例相當高！其中有的人只是礙於朋友的情面,報名參加,除了第一次購買產品之外,就再也沒有後續行動,這種人是有名無實;有的人是喜歡公司的產品,為了取得直銷員的折扣而登錄為直銷員,但既不會向其他人推銷,更不會去尋找下線,這種人可歸類為自用型或消費型直銷員;只有大約20％的直銷員會積極推銷公司的產品,甚至去吸收、輔導下線,這種人屬於事業型直銷員。

　　這252家公司當中大部分是正派經營的,他們有優良的產品,也有健全的獎勵制度和經營模式;但是難免有一些公司,為了投機取巧,在產品說明會上誇大產品的功效,甚或強調公司的獎勵制度可以使人一本萬利,短期致富,慫恿來聽講的人立刻購買產品,加入會員;又鼓勵新加入的會員積極去拉人頭,以賺取獎金。這樣的做法很容易製造糾紛,敗壞直銷的名聲！還有一些正派經營的直銷公司,其部分事業型直銷員在自辦的產品說明會上,誇大產品的功效,或獎金制度的快速致富效果,以吸引聽講的民眾參加,也很容易出問題！

　　由於直銷公司或直銷員的產品說明會都是私下找人來聽,一

般人無從得知其時間地點；其說明會的內容是否涉及不法，也無法儘早知道以為防範或糾正。其舉辦的場次既頻繁，分布的地區又廣，更令主管機關無從使力！這也是為何直銷的弊端總在造成嚴重的損害之後才會為人所知的原因。

　　台灣各地道路出車禍或其他路況也是不知何時何地會發生，但只要出了狀況，用路人都會立刻撥打警察廣播電台的路況報導專線，報告狀況；而警察廣播電台會一方面通知相關單位迅速前往處理，另一方面會即時在電台播報路況，請用路人盡量避開出事路段，以免造成塞車。這樣的機制堪稱是台灣交通運輸的一大特色！見賢思齊，直銷業會出狀況通常從其產品說明會即可看出端倪，若能成立一個直銷業的路況通報機制，請參加直銷公司或直銷員舉辦的產品說明會的民眾，在覺得主講人的說法有一些奇怪的時候，立刻撥打免付費專線電話通報主管機關，而相關單位能立刻查明真相，在專屬的媒體上公告，以免更多人受害，則害群之馬無以立足，直銷業的形象當能更健康！

12 追求新知
才能追求卓越

為開拓直銷員的視野，提昇直銷人的形象，產學聯手規劃一連三場的大型演講會「峰峰相連 邁向卓越」，每場演講會邀請四種不同領域的專家學者來做專題演講，分別是學術界的專家學者、直銷公司的卓越高階主管、直銷公司的傑出高階直銷員、以及直銷界知名的專業講師，陣容十分堅強。規劃的時候大家都十分振奮，也十分樂觀，認為以這麼堅強的陣容，應該會報名踴躍，人滿為患。不過推出之後，發現直銷員的反應和預期有些出入，令人大惑不解。

前幾天有位直銷員到學校來拜訪，談到這件事情，他說他在他的組織裡面徵詢同好，準備報名參加，結果他的夥伴們潑了他一盆冷水，他們的反應是，公司或上線安排的免費教育訓練都已經沒時間參加了，更何況是要繳費的演講會！他們甚至也沒有去詳細看演講會的主題和演講者的背景！那他們在忙些什麼呢？他們都在忙著怎樣找人，怎樣邀訪對象來聽產品說明會。見微知著，我聳然發覺我們的直銷從業人員還停留在埋頭苦幹，沒空抬頭看世界的境界！不知這是否為台灣直銷員的生產力落後日本、韓國的原因。

隨著經濟的快速成長，國民的消費型態日漸多元化，產品行

銷的方式也必須跟著調整。猶記得，市場區隔、市場定位、目標市場的觀念也是在台灣經濟起飛之後，才變成消費性產品行銷的顯學。早期銷售產品都是以全部的消費者為對象，因為大家的消費模式都很類似，所以當公司涵蓋的市場面越廣泛，銷售量就越高。但是現在就不一樣了，消費者的產品偏好有很大的差異，廠商推出的產品常只有一小部份的人有興趣，假如他一直向對他的產品沒興趣、沒需要的人推銷，就會事倍功半！如果找到了對他的產品有興趣、有需要的顧客群，大家就會如響斯應，生意興隆。這種行銷觀念的改變，只有在進修的時候，才有機會接觸。

　　台灣的企業人員都深深體認到吸收新知，追求成長的重要，所以他們都願意花錢去進修，去聽演講，開拓自己的視野，提昇自己的專業素養。這也造成台灣的企業素質提昇，得以在全球競爭的動力。反觀直銷業的直銷員，因為大部分沒在企業界工作的經驗，經由親友的邀約，參加產品說明會，進而加入直銷員的行列之後，都在自己的組織裡面打轉；若沒有高瞻遠矚的上線，鼓勵進修，成天只在研究邀訪的對象名單，打電話邀訪，就會陷入盲目工作而無所突破的困境。因此我要呼籲直銷員體認知識的價值，養成吸收新知的習慣。在追求卓越成長的過程，所投入的時間和金錢，將來必會得到數倍的回收！

13 直銷業應加強正派直銷觀念的宣導

有鑑於亞洲直銷市場的蓬勃發展,與大陸正在研擬直銷立法,大陸於2004年12月公布直銷管理辦法,世界直銷聯盟(WFDSA)與直銷教育基金會(DSEF)特別贊助香港直銷協會,於當年9月28-30日在香港國際會議中心舉辦「亞洲直銷論壇」。除了世界直銷聯盟主席「狄克-狄佛士」親自出席之外,美國及亞太各國的政府官員和直銷協會會員公司高階主管,有將近二百人與會,還有一些學者專家也應邀參加。會議以專題報告及專家論壇的方式舉行,議題涵蓋範圍甚廣,筆者有幸應邀與會,將論壇討論議題向大家報告分享。

直銷因為被不肖之徒假直銷之名,在世界各地詐騙斂財的緣故,在各地政府官員及一般社會大眾的心中,大多留下不良的印象,使得正派經營的直銷公司為了洗清冤枉的罪名,必須花費更多的心力。為了改變大家對直銷的錯誤印象,會中有專家建議,直銷公司應確實執行「商德約法」,以「比政府法令規定更嚴格」的自律公約來自我要求,以贏得消費者的信心;也有專家建議,直銷業應致力於公益慈善活動的投入,譬如贊助體育活動或慈善機構,以建立直銷業熱心公益的正直形象。

台灣的直銷市場因為有公平交易委員會完善的立法和積極的

管理，任何非法的行為都會很快受到取締和懲罰，所以雖然直銷協會聘有三位商德約法督導人，（除筆者之外，還有台灣大學和政治大學的教授）但是難得有申訴或需要仲裁的案例。安麗公司和如新公司歷年來都非常積極贊助體育活動；各直銷公司平時也都有贊助公益活動，當年在筆者的推動之下，積極尋求各正派直銷公司的合作，一起來認購罕見疾病基金會的「千人大拼布」，以表現直銷公司團結合作，熱心公益的形象。這些專家的建議，台灣的直銷業都有積極在執行。

　　另有一個比較特別的建議：針對大陸市場，直銷業應致力於教育大陸的政府官員和社會大眾，正確的直銷經營觀念！因為大陸的多數民眾都長期處於貧困的環境，一旦有人以直銷可以短期致富來吸引他們,他們一定會四處借貸,擠破頭去搶搭「一夕致富」的直銷列車。但是對直銷有正確認識的人都知道，直銷是不可能短期致富的，他必須投入相當的學習和努力，才可能逐步邁向成功之路。大陸的政府官員對直銷也沒有很深入的了解，他們只看到 1998 年之前的直銷亂象，所以基本上他們對直銷的態度是避之唯恐不及。在這樣的環境之下，直銷的法令必趨於嚴格，直銷重新開放之後也難保亂象不會再起！所以最好的方法是，透過各種管道,事先教育大陸的政府官員和社會大眾,正確的直銷觀念！同樣的做法也應該在各國推動，以建立大家對直銷的正確認識。

14 開禁又禁
大陸直銷市場難上路

大陸自1990年代初期就有直銷公司進去活動,到1995年首次禁止多層次直銷,1996年重新核准41家公司可以合法經營直銷。但是到1998年四月又全面禁止直銷,只有10家直銷公司被獲准以轉型的方法銷售產品。分析大陸直銷的發展歷程,大概可以歸納為幾個階段:

1. 初期引入階段(1990-1995):大陸從計劃經濟開放「市場經濟」未久,大陸人民正在適應市場開放的環境,看到少數個體戶因為自行經營小本生意,經濟狀況有所改善,而亟思效法,卻苦無門路。這時候少數直銷公司進入大陸市場,以不需太多資本就可經營直銷事業,而且短期之內就可致富為號召,掀起大陸的第一波直銷熱潮。但是因為直銷公司不斷湧入,素質良莠不齊,對於直銷員無法有效管理,直銷員為擴充業績,更以各種手段吸收下線,終使市場秩序大亂,導致大陸政府於1995年發布「關於停止發展多層次直銷企業的通知」,並積極制定管理多層次直銷企業的辦法,並於1996年發布「關於加強對多層次直銷企業管理監督的暫行辦法」,正式批准41家多層次直銷企業。

2. 第二次開放階段（1996-1998）：此一階段大陸的直銷有管理辦法來規範，更加蓬勃發展，沒有搭上第一階段直銷熱潮的民眾，都積極想辦法去參加直銷公司的產品說明會或直銷事業機會說明會。尤其是偏遠鄉村的農民，更把參加直銷事業當成翻身的大好機會，抱著可以短期致富的期待，向左鄰右舍借錢，搭數小時火車到大都市參加直銷說明會的大有人在。也有人抓住直銷公司保證退貨辦法的漏洞，將直銷產品自容器中取出大部分去販賣，把剩餘少量產品的容器拿去退貨以牟取不當利益。更有一些不法公司以獵人頭的方式去斂財，以致糾紛頻仍。最後由於直銷糾紛層出不窮，再加上直銷事業說明會動輒成千上萬人聚集參加，導致大陸政府於1998年四月頒布直銷禁令，禁止任何形式的直銷經營活動。

3. 轉型期階段（1998-現在）：大陸頒布直銷禁令之後，幾家大型美商直銷公司透過美國政府向大陸政府施壓，終於在1998年底公佈10家轉型的直銷公司，規定公司要以店舖的方式來進行產品銷售和銷售人員訓練，銷售人員視為公司的員工，其業績獎金只能算個人的業績不能包含下線的業績，與傳統的零售通路非常類似。至此直銷的兩大特質「不在固定地點銷售」和「吸收下線」的精神都不存在了。

大陸承諾加入WTO之後三年內要重新開放直銷市場，因此全世界的直銷業都在密切注意大陸2004年12月對直銷市場會有什麼規定。根據大陸學者的看法，「直銷」在大陸已變成「老鼠會」的代名詞，所以2004年直銷市場的開放幅度可能不會太大。

15 直銷學術研究與直銷業的互動

直銷學術研討會舉辦至 2006 年已經進入第八屆，每年發表的論文，少則六篇，多的也達十二篇，累計至 2005 年的第七屆直銷學術研討會，共發表了 61 篇直銷的學術論文。在數量上遙遙領先世界的直銷學術研究！台灣的學術界因為每年有直銷學術研討會，提供直銷學術研究發表的舞台，因此投入直銷學術研究的興致比其他國家、地區還高。世界性的直銷學術研討會，以發表直銷學術論文為主的，據筆者所知，只舉辦了三屆，都是由世界直銷聯盟和直銷教育基金會主辦的，其他以教育性或介紹性為主的研討會也辦了好幾場。因此台灣的直銷學術研究風氣可謂執世界之牛耳！

雖然台灣的直銷學術研究風氣蓬勃發展，但是直銷業界對直銷的學術研究還沒有建立學習、取經的習慣；每年的直銷學術研討會，雖然廣發通知給各大直銷公司，業界的反應卻不如預期熱烈。有些人認為學術界的直銷研究沒有切中要點，有隔靴搔癢的感覺；有的人覺得看不出研究的成果對公司的營運方針有何幫助；更有的人覺得學術論文很難懂。

針對這幾點意見，筆者願意提供個人的看法供直銷界的朋友參考。任何學術研究，都需要取得研究對象的各種資料來進行分

析比較與整理；其他產業的資料常有許多公開的管道可以取得，要尋找訪談對象也很容易，所以在研究上障礙較少。而直銷業由於強調口碑相傳，透過直銷員來推廣產品或服務，直銷公司大多沒有透過公共媒體來傳遞公司資訊，在市面上很難找到直銷公司或直銷員，更別說公司的資訊了！這就使得想要研究直銷的學者面臨取得資訊的困難，也使得研究內容無法深入直銷的特性，就難免有隔靴搔癢的現象，這需要直銷業者的配合改進。

學術研究論文蒐集的資料，常常是直銷業的整體資料，或好幾家公司的資料；經過分析整理後得到的結論和建議，對於各公司都會有參考的價值。但是要如何去運用在個別的公司，就必須由公司針對自己公司內部的狀況再做進一步的檢討、評估，才能擬出適合公司特性的改進方案。這和聘請管理顧問針對公司進行企業診斷，擬出公司的改良方案是不一樣的；管理顧問提出的是量身定做的方案，只要公司認同就可執行；學術論文是以整體產業為對象來研究，擬出的方案各公司可以做檢討改進的參考，但若要實際推動，還是要考量公司的個體差異。

學術論文的用字遣詞，與一般教育訓練的表達方式有所不同，直銷人員剛開始可能不太習慣，而覺得難懂，但只要多聽幾次，慢慢就會習慣了。直銷人員的學習能力一向很強，只要認清學術研究對直銷的貢獻，不僅可以提供客觀而嚴謹的學術觀點，改善直銷公司和直銷員的經營管理方法，還可以提昇直銷業的整體社會形象；每一個直銷人員，不論是公司的行政管理人員或直銷員，都應該踴躍報名參加直銷學術研討會，以回報學術界對直銷的關心和投入！

16 找直銷對象 準備作業不可少

最近參加幾次高階直銷員的成功經驗講座，和直銷顧問公司對直銷員的演講會。在會中都聽到主講人不斷強調，要業績成長就必須勤於列名單，積極的邀約對象參加「事業機會說明會」，鼓勵他們從事直銷事業。也提到很多新進直銷員為列名單而苦惱，更為了邀約被拒絕而沮喪，甚至萌生退意！

根據公平交易委員會的調查報告，2002年台灣地區參加直銷的人數有326萬9千人，當年曾向公司訂貨的有118萬5千人，佔參加人總數的36.25％；而當年曾領取獎金或佣金的人數為63萬1千人，佔參加人數的19.3％。從這些數據我們可以看到，參加直銷的人員當中，有在經營直銷事業的直銷員只有將近五分之一，其餘的五分之四不是當消費型直銷員，就是名存實亡的失聯直銷員！從這些資訊和新進直銷員邀約被拒的困擾可以看出，過分強調直銷事業的經營，會扼殺整體直銷業成長的契機。

依個人的看法，邀約親朋好友參加直銷，必須先做個人的家庭作業，也就是要先對邀約對象做背景和需求分析。有些人本身對業務性的工作有經驗，對個人創業或增加收入有興趣，這樣的人邀請他來參加「事業機會說明會」，通常不會被拒絕，將來他們經營直銷事業，對於列名單、邀約、推銷都早已習以為常，只

要公司的產品好，獎金制度公平合理，其成功的機會很大。但是大部分的人都沒有從事業務工作的經驗，一下子要他去進行列名單、邀約等業務性質的工作，其心理上必有排斥、抗拒的現象，勉強為之只有增加他們的挫折感，和對直銷的誤解與排斥！

　　直銷員對沒有業務經驗的親朋好友，要從產品介紹使用的角度著手；必須先了解他們有沒有需要公司的產品，若沒有需要，就暫時不要去打擾他們，等將來他們有需要的時候再去找他們，否則一次弄砸了，將來要補救就很困難。

　　對於可能有需要公司產品的親友，要先介紹公司產品的特點及對他可能的幫助，以「好東西要和好朋友分享」的心態去推薦，而不是以做生意的態度去找他談，這樣去找他的時候，自己不會有賺朋友錢的彆扭感覺，親友也不會感受到你推銷的壓力。等到親友確實使用了公司的產品，也感受到產品對他的好處之後，再鼓勵他繼續購買使用，使他成為公司產品的愛用者，並成為消費型直銷員。這時候就可以偶而邀請他參加直銷夥伴的聚會。

　　再等一段時間之後，就可以教他以「好東西要和好朋友分享」的心態，去把產品介紹給他的親朋好友。以此循序漸進的方式，讓他從接觸產品，到成為產品使用者，演進到產品愛用者，進而成為產品的見證推薦人。這樣的做法雖然所需時間較長，但是過程中沒有推銷的壓力和尷尬，較不會有挫折感，反而有幫助別人的成就感。可以將直銷事業做得長長久久，而且成長的潛力驚人！

17 直銷產品價格禁得起比較

在一般人的心目中,直銷公司的產品價格偏高,但是其產品品質也多受使用者的肯定。至於價格偏高的原因,一般多認為是發給直銷員高額獎金的緣故。這樣的想法在國內外的研究調查中,都得到同樣的結果,讓大家更加肯定此一說法。不過這些調查都是詢問受訪者主觀的認知,至於這些認知與實際的狀況是否相符,倒沒有人曾經去查證過。

筆者過去進行一項研究,探討直銷公司的產品定位與價格策略。本想以直銷業營業額排名第一的營養保健食品做為研究對象,但是因為營養保健食品在傳統通路的品牌不多,而且沒有較具競爭力的專業廠商以資比較,所以選擇營業額排名第二的美容保養品為研究對象。美容保養品在傳統通路有許多知名的廠牌,甚具競爭的實力,可以拿來和直銷公司的美容保養品做市場定位與價格策略的比較。

我們選擇直銷業美容保養品方面較具知名度的國際公司,如美商安麗公司、美商如新公司、美商雅芳公司的美容保養品,和傳統通路的國際品牌,如 SK-II、雅詩蘭黛、資生堂的同類產品做比較。比價的方式是將各廠牌的產品價格,以單位價格的方式呈現(元/g,元/ml),以單位價格作為比較的基礎。共分為「臉

部清潔產品」、「卸妝產品」、「調理產品」、「保溼滋潤產品」、「防曬產品」五大類；其中「防曬產品」因為各家廠商產品功能差異較大，較不具共同比較基礎，所以不列入比較。價格資訊是收集各公司在網站公布的資料。

　　經過比較的結果，在四種產品系列中，僅「卸妝產品」直銷公司的產品單位價格較高；其餘三項，傳統通路的 SKII 產品價格皆為最高；而直銷公司的雅芳產品，單位價格皆為所有比較公司中最低價。由這項客觀的單位價格比較中，我們可以發現，直銷公司的美容保養品價格沒有比傳統通路的同類產品高；可見直銷公司的產品應該屬於物美價廉。

　　但是為什麼消費者購買 SK-II 產品的時候不會覺得貴，卻認為直銷產品的價格偏高？可能的原因是心理上的認知，因為 SK-II 在各種媒體的廣告曝光率很高，營造出高貴產品的形象，消費者已經預期其價格高貴，所以不覺得其貴；但是直銷公司一般是不做廣告的，所以消費者沒有把它視為名牌，才會覺得直銷公司的產品價格偏高。不過直銷公司採用的是「口碑行銷」，講究的是「呷好道相報」，只有用過的人肯定它的產品功效或品質之後，才會去介紹給親朋好友；所以用過的人才會將其視為名牌，沒用過的人就難以認定其價值了。

18 尋找目標市場 提昇直銷效率

在一個商業還不是十分發達，人們的生活習慣和生活模式都大同小異的環境，一般企業都以全體消費者為其產品或服務的銷售對象，如何製造物美價廉的產品，是市場競爭的唯一手段。但是隨著經濟發達，人們的生活方式就因個人或家庭的經濟能力和興趣的不同，而有了多樣的發展。有的人追求產品的流行性，有的人卻追求產品的稀有性；有的人喜歡購買價廉物美的產品，有的人就是喜歡高貴的產品。這時候，「市場區隔」的觀念就誕生了，每家公司都要去思考自己的產品定位，尋找「目標市場」，研究目標市場的消費者需求和習性，所有的行銷活動都以目標市場客戶為對象。由於目標明確，在行銷活動的規劃上就可以減少不必要的浪費，達到更好的效果。

直銷業和傳統通路產業最大的不同是，其產品的行銷活動大多是透過獨立的直銷員來執行，而不是由公司來規劃，由公司的人員來執行。因此即使公司有目標市場的構想，甚至有目標市場的行銷企畫，但是因為直銷員的教育訓練大都由上線來輔導進行，上線直銷員本身大都沒有受過企業管理或行銷的訓練，可能無法教導下線直銷員目標市場的觀念，即使在公司短期的教育訓練當中，可能也沒有想到要灌輸給他們目標市場的觀念。更進一步分

析，直銷員銷售產品或吸收下線的對象都是其周遭的親朋好友，在人脈有限的情況下，根本不可能再有所選擇，只好見到人就介紹產品或推薦其加入直銷的行列。

　　這樣的作法造成的結果，是被拒絕的機會遠大於被接受的可能，挫折和沮喪成為直銷的常態，上線直銷員和同一團隊的直銷伙伴主要的工作就是為受挫的下線直銷員打氣，安慰他們。只有意志很堅定或心理建設很充分的人才有辦法繼續做下去。而且因為周遭的親友都被推銷過，可能見到他就會退避三舍，也會造成他人際關係的退縮。

　　要改善這種現象，唯一的辦法就是在直銷員之間強調「市場區隔」、「目標市場」的觀念，在直銷公司的教育訓練當中加入目標市場的主題，教導直銷員在選擇銷售對象或擬定約訪名單的時候，先對他們的消費習性和需求作一番分析與瞭解，只對可能需要產品的對象進行推銷或拜訪。這樣的作法可能會使可選擇的對象少很多，但是總比亂槍打鳥，落空的比打中的多，既浪費時間和體力，又增加自己的挫折感還要有效率，自己的人際關係也不致因此被破壞！

19 網際網路可對直銷業帶來幫助

網際網路（INTERNET）興起，帶來電子商務的商機，和直銷的關係究竟是互相競爭或是互補？經過學術界和直銷業者的幾次座談、研討，大家漸漸得到一個一致的看法，那就是直銷所強調的人際網絡、人際關係不會隨著網際網路的發達而式微；人際關係的互動是人類的自然本能和需求，不會隨著科技的進步而降低，因此電子商務不可能取代直銷的地位。

但是大家都很清楚，網際網路必定會成為我們生活的一部份，而且其影響會越來越大。雖然現在上網的人以年輕族群和學生為主，直銷公司和直銷員經常運用網路的，以外商公司為主，本土公司大多還在觀望或學習的階段。可以預言在五年內，直銷公司和直銷員假如沒有充分運用網際網路所帶來的助力，其市場競爭力必定會遠遠落後其他公司。

其實直銷員要學會運用網際網路並不一定要對電腦很內行，只要學會文字輸入的方法，知道如何收發電子郵件，如何上網搜尋網站資訊就可以了。其帶來的好處是可以隨時用電子郵件和上下線直銷員、公司或親友通訊聯絡，尤其是發信給很多人的時候，可以一次搞定，而且是隨寄隨到，全世界沒有時差！另一個好處是可以隨時隨地上公司的網站看公司的政策宣布、產品資訊、獎

金制度以及公司的其他各種資訊，更進步的可以在網站上訂貨，甚至查閱自己及下線的業績和獎金。因此在向客戶介紹產品或事業機會的時候，可以直接上網，利用公司的網站資訊為輔助工具，可以講得更清楚，更容易取信於人。

　　直銷公司運用網際網路可以設置電子郵件伺服器和網站伺服器，電子郵件伺服器可以提供電子信箱給公司員工和直銷員，讓大家有一體的感覺；網站伺服器用來建置公司網站，將公司歷史、組織、理念、產品資訊、獎金制度、表揚事蹟、月刊等用圖文並茂的方式放到網站上，一方面可以建立和直銷員溝通的管道，另一方面也等於為公司建立一個廣告宣傳的平台。更進步的還可以建立會員專區，憑身份資訊和密碼才可以進入，可看到直銷員個人及下線的業績和獎金；甚至還可以接受網路下訂單。

　　直銷業還有許多其他的功能，都可以透過網際網路來完成，本文的目的是要強調網際網路對直銷業可以帶來很多幫助，大家應該重視並立刻著手進行。

20 稱職上線是要營造快樂環境

　　直銷最特別的地方，在於上下線的關係。直銷公司的直銷員會去尋找他所認識的對象，把公司的產品或事業機會介紹給消費者；消費者也許因為喜歡公司的產品，或看上發展直銷的事業機會，而加入直銷公司成為直銷員。這個新進直銷員就成為介紹他加入的直銷員的下線，而介紹的人即為其上線。

　　下線直銷員對於產品的知識，或公司的直銷制度大多是從上線直銷員傳承下來的，其間雖然會參加一些公司的教育訓練，但是基本上仍以上線直銷員為其「奶媽」或「老師」，傳授與輔導其經營直銷事業，所以在直銷業裡面上線直銷員常被稱為「老師」。因此上線直銷員在直銷事業的發展上扮演非常重要的角色！

　　「老師」要做到「因材施教」，這是教育的基本原則，上線直銷員也因此要有這樣的自我期許和認知。不是所有下線直銷員都有同樣的個性、資質和價值觀，因此不能期望每一個下線直銷員都變成超級業務員！這是目前大部分的上線直銷員常犯的錯誤。就像一個看到血就會噁心、暈倒的人，你要強迫他去念醫學院，只會讓他生活在痛苦當中一樣；一個個性木訥或內向的人，對錢財又看得很淡，你卻逼他每星期要邀約幾個人，要達成多少業績，這只會帶給他很大的壓力，讓他充滿挫折感，甚至痛恨直

銷，退出直銷。

　　一個稱職的上線，應該營造一個「快樂」的環境，讓他的下線和他聚會的時候，覺得非常快樂。「快樂」不是「玩樂」，「快樂」是心靈的喜悅，每一個人心靈的喜悅都來自「需求」的滿足，而每個人的需求可能不盡相同。馬斯洛把人的需求分為五個階層：「溫飽的需求」、「安全保障的需求」、「社會歸屬感的需求」、「社會地位的需求」和「個人成就感的需求」。上線直銷員應該分析他的下線家族成員的需求，來營造滿足他們需求的環境。

　　對於溫飽需求和安全保障需求的人，賺錢可能是他們最迫切的需要，這樣的下線，教導他們如何推銷產品、吸收下線，給予輔導和鼓勵，再運用群體激勵的刺激，可以讓他們努力去創造業績。對於社會歸屬感需求的人，他會覺得屬於這個直銷家族就很快樂，可以安排一些知性或感性的活動，讓他能既有歸屬感，又有知性或感性的成長，他也許會因此去介紹他的親朋好友加入，在沒有業績壓力的情況下，反而水到渠成。對於社會地位需求的人，高階直銷員的表揚會是他所嚮往的，直銷公司的表揚大會辦得轟轟烈烈，基本上就是以此為目標，所以這樣的誘因可以使他努力去拼業績。對於個人成就感需求的人，要以助人的觀點來激發他的熱忱，讓他瞭解介紹好的產品給親友，可以讓使用的人因此獲得健康、美麗、方便或知識；提供一個創業機會給親友，可以讓接受的人獲得生活的改善，都是助人的義舉，在崇高理想的驅使之下，他也會欣然去努力介紹產品和事業機會給親朋好友。

21 中國人適合關係導向直銷

面對面的銷售可能有很多不同的手法,但是歸根究底,可以分成「交易導向」和「關係導向」兩大類型。所謂「交易導向」,顧名思義,就是以完成銷售交易為目標,這一類型的銷售方式較常用於大件的產品,譬如汽車、家具、百科全書等,顧客通常只會購買一次。也因為顧客通常只買一次,因此業務員的目標就是想辦法讓顧客簽下購買的合約。這種交易導向的推銷手法通常需要較長時間的訓練,從目標顧客的篩選,旺盛企圖心的培養,工作時間安排、管理的細節,說話態度與技巧的訓練,面對質疑、排斥的處理方法,乃至鍥而不捨、積極跟進的簽約手法,都要有專業的訓練。

在歐美各國,有些直銷公司就是銷售這種大件的產品,因此他們的直銷員都強調「交易導向」的銷售手法,直銷員的教育也偏重銷售技巧的專業訓練。但是這種交易導向銷售方式的訓練,必須讓受訓者先有心理準備,並經過完整的訓練之後再出去接觸客戶,才能成功。

「關係導向」的銷售方式強調的是銷售人員和客戶之間關係的建立與維持,通常適用於會重複購買的產品。由於顧客需要經常添購產品,為了建立顧客對產品的忠誠度,銷售人員需要花

較多的時間和努力來與顧客建立密切的關係。這種關係的建立就不一定要有專業的訓練，只要出之以誠信，多花一些心思關懷對方，友誼就可建立，這時候雙方就不只是銷售與客戶的關係了。

以中國人重情義的個性，做直銷的時候以「關係導向」的方式較為合適，尤其對於初次接觸直銷的人，假如他不曾接受業務員的專業訓練的話，他的銷售對象可能從親朋好友開始，以關係導向的作法，不做強迫性的推銷，他的心態比較容易適應，他的親朋好友也不會感受太大的推銷壓力。

台灣的直銷市場以營養保健食品和美容保養品為大宗，除了消費者對這兩類產品的喜愛和需求很高之外，這兩類產品都適合使用「關係導向」的銷售方式，應該也是其成功的原因之一。

22 直銷適合各種不同成就動機的人

直銷的特點之一就是直銷員的工作時間非常有彈性，很適合一般人一開始的時候以兼職的方式來從事。但是因為中國人勤奮的個性使然，即使是兼職的方式在從事直銷的工作，大家都還是非常努力的去推銷產品或吸收下線，使得從事直銷的人隨時感受到業績的壓力，而喘不過氣來。

有一次，世界直銷聯盟的秘書長到台灣來訪問，在和他吃飯的時候聊到直銷員的工作情形。他提到美國有一批直銷的候鳥，他們在每年八、九月的時候，就會開始做直銷，一直做到十一月底或十二月初就休息了。每年週而復始，都是同樣的模式，後來他才發現這批兼職的直銷員會這樣工作的原因。

美國人對耶誕節非常重視，就像我們過農曆年一樣；而且他們在耶誕節的時候都要互相送禮物，對父母長輩要送禮物，對子女晚輩甚至親友同事也要送禮物，因此買禮物的預算對他們來說是一筆不小的開銷。有些人因為經濟因素的緣故，每年八、九月就開始兼職做直銷，賺取購買耶誕禮物的錢，等到錢賺得足夠購買禮物，耶誕節也近了，他們就停止做直銷，準備過耶誕節；一直等到第二年的八、九月才又開始兼職做直銷。

從這個例子讓我們瞭解到直銷工作的彈性，也瞭解直銷對家

庭經濟應急的功能。所以我們可以說，直銷適合各種不同的人，有的人屬於玩票的性質，想要做的時候就做，想要休息的時候就休息；既不必看老闆的臉色，也不必擔心沒有工作可做。有的人把它當作事業來經營，每天都會訂出工作的目標，擬出工作計畫，非常勤快的去拜訪潛在客戶，或安排下線的聚會，甚至安排自己的進修課程。

　　就因為直銷的彈性這麼大，我們在做直銷的時候，要認清客戶或下線的需求，尊重他們的選擇，讓他們快快樂樂的做直銷。當直銷圈子裡的每一個人都很快樂的時候，這股快樂的氣氛會感染身邊的人，讓他們對直銷不會排斥，有機會的時候也會嘗試去做做直銷，直銷的業績和形象就會在不知不覺中向上提升了！

23 直銷產業博覽會有助形象提升

　　最近接受美國西北大學管理學院的邀請，到芝加哥來當訪問學者，將在此地停留三個月，和西北大學管理學院的教授進行一項直銷的學術研究。這是筆者自1985年在美國拿到博士學位以後，在美國停留時間最長的一次，心裡的興奮自是不在話下，當年留學時代的同學，有許多留在美國發展，大家都有二十年左右不見了，值此良機，自是趕快聯絡，相約會面。

　　第一個聯絡上的是住在芝加哥近郊的老同學，他們夫婦當年都與我一起在同一家餐廳兼差打工，頗有革命的情感，所以久別重逢，興奮之情不可言表，他們除了開車帶我們夫婦去買日常生活用品和食物之外，還請我們去芝加哥的中國城吃飯。吃飯的時候聊起大家別後的種種經歷，難免問到我在做些什麼研究。當我告訴他，我成立一個直銷學術研發中心，專門在做直銷的學術研究以及推廣直銷的學術研究時，他說「直銷不是老鼠會嗎？」。在美國芝加哥，從我二十年前的老同學口中聽到這句話，讓我深深體會到，當年不肖業者種下的惡劣形象，經過三、四十年後還留在一般人的腦海裡，可見要洗清污名是多麼困難！直銷業者假如仍然各自為政，這背負的「原罪」不知何時才能獲得救贖。

　　這次的體會更讓我覺得必須團結正派經營的直銷業者，大家

認清這個產業的困境,集思廣益,群策群力,才有還我清白之身的一天。要重新塑造直銷的形象,必須借重媒體的力量,但是用買廣告的方式來做宣傳,難免落入「老王賣瓜」自我推銷的情境,無法取信於人。最高明的手法是利用「事件行銷」(Event Marketing) 的方式,製造媒體認為有新聞價值的「事件」,讓媒體主動來報導,既不用花廣告費,又有媒體的客觀公正效果,對於社會大眾的心理才能有所影響。

我在「直銷產業高峰會議」上曾經推動的「直銷業聯合公益活動」其實就是朝這個方向努力,但是因為響應的公司不夠多,直銷業聯合公益活動的成果不夠顯著到吸引媒體的注意,所以成效不彰;但是對於參加聯合公益活動的直銷員個人而言,卻因為做了公益活動而讓自己更快樂。

最近我提議舉辦「直銷產業博覽會」,很多直銷公司主管的第一個反應是,從來沒有這個先例,把各家直銷公司聚在一起,大家會互相比較,可能會有很多糾紛,而且在博覽會上不可能賣出多少業績,吸收多少下線直銷員。

但是假如從「事件行銷」的角度來看,「直銷產業博覽會」的目的不在個別公司的銷售產品或增加業績,而是藉著直銷業的全體投入,讓整個社會大眾對直銷有一個較正面的看法和瞭解,對於直銷的社會形象必定有所提昇;而且因為其為世界首創,若規模夠大,吸引的群眾夠多,不只媒體會主動爭相報導,連地方政府可能也會提供優惠條件,爭取在當地舉辦,以促進地方的繁榮!。

24 大陸直銷市場若開放請珍惜

中國大陸直銷市場將於今年年底重新開放,開放的幅度會有多大,目前仍難預測。大陸的各項立法工作必須透過國務院的審議,就像台灣的法案必須透過立法院審議通過一樣;以目前沒有聽說直銷法案排到國務院會討論的消息來看,今年底要通過直銷立法的可能性不高,因此先以行政法規來規範直銷市場的可能性較高。

檢視1998年四月大陸禁止直銷的背景資料,可以發現直銷市場秩序的混亂,帶來社會的動盪不安是禁止直銷的一大主因。但是假如今年年底直銷市場重新開放之後,市場秩序還是一片混亂,難保過一陣子不會再度關閉;若直銷市場再度關閉,則真的會是再開放不知何年何月了!所以直銷界的朋友,上至直銷公司的老闆或主管,下至活躍的直銷員,在心態和作法上都要十分小心;同時對於非法的行為要群起抵制,才能保住大陸的龐大直銷市場。

大陸由於實施市場經濟的時間還不太長,很多人對於自由市場的運作還不太熟悉,更不用說直銷的精神和運作方式了。兩岸的同胞一樣,都有儲蓄的習慣,因此雖然在長期的計畫經濟之下,收入有限,每個家庭多少還是有一些積蓄。在改革開放之後,都想憑手上的積蓄去賺一點錢,因此對於賺錢的機會都十分留意,

也捨得投資。這也是為何大陸的教育培訓課程收費比台灣還高，報名卻十分踴躍的原因。也正是這樣的傾向，讓 1990 年代的直銷在大陸風起雲湧！但很不幸的是這樣的環境卻讓非法的多層次傳銷給破壞殆盡。

　　非法的多層次傳銷灌輸大陸民眾直銷可以短期致富的幻覺，而且因為直銷沒有資格的限制，人人可為，所以激起大陸同胞一窩蜂的投入多層次傳銷。結果卻因為淪入「拉人頭」的惡性循環，而致糾紛頻傳，社會秩序大亂。「多層次傳銷」也被掛上罪惡的污名，今天在大陸談到「多層次傳銷」，就像我們談到「老鼠會」一樣為人所不齒。

　　因此我要呼籲在台灣的直銷公司和直銷員，珍惜即將開放的大陸直銷市場，要建立「直銷是終身事業」，必須長期妥善經營才能開花結果的正確觀念，教導新進直銷員理性的從事直銷的各種活動，不要有短期致富的激情和幻想，認清直銷可能面對的挫折，做好心理建設和教育訓練。更要邀請學術界的教授，教導公司幹部和直銷員有關直銷的學術背景和相關理論，讓直銷的從業人員都有相當的直銷理論知識，在和周遭的人談到直銷的時候，可以給予正確的直銷觀念，以建立直銷的社會地位；同時要常常參加直銷的學術活動，藉著直銷的學術研究，厚植直銷的理論基礎，才能使直銷市場源遠流長！

25 「誠信」是經營直銷的不二法則

「信任」是行銷學術研究裡面一個重要的課題，和「顧客滿意」、「顧客忠誠」息息相關。信任因為對象的範圍不同，而有不同的意涵；在學術界通常把它分為「廣泛的信任」和「特定對象的信任」。「廣泛的信任」主要有三種：1. 系統信任：對政府主管機關或公（工）會等維護市場或產業環境秩序的機構的信任；譬如行政院公平交易委員會、直銷協會；2. 角色信任：對市場上各種專業角色，如律師、會計師、警察、計程車司機、甚至商店的收銀員的信任；在此對「直銷員」的信任也是一種角色信任；3. 一般信任（基本信任）：對一般人物的信任。而「特定對象的信任」主要有兩種：1. 特定人的信任：對某一特定對象的信任，如自己的某一同事、朋友、理財投資顧問；或自己的上線直銷員；2. 特定機關的信任：對某一特定機構的信任，如自己服務的公司、某一客戶公司、某一報社等；對自己參加的直銷公司的信任也屬於特定機關的信任。

「廣泛的信任」和「特定對象的信任」之間存在「強化」和「替代」兩種交互的影響。在系統信任方面，公平交易委員會多年來對台灣直銷市場秩序的維持，是大家有目共睹的；因此社會大眾建立了對公平交易委員會在直銷市場的廣泛信任，對公平會核備

的直銷公司的「特定機關信任」就會增加。但是因為公平會對直銷公司採取報備制，為了怕引發民眾將其廣泛的信任轉化為對特定對象的信任，所以公平會必須不斷強調「報備不等於合法」，要民眾小心選擇直銷公司。「直銷協會」秉承世界直銷聯盟的規範和共識，對於會員公司的篩選有嚴格的標準，同時訂定高標準的「商德約法」要求會員公司遵循，其目的就在建立社會大眾對直銷協會的「廣泛信任」，進而影響大家對直銷產業的信任，和對直銷協會會員公司的信任。

在角色信任方面，假如計程車司機都照錶收費，而且不會故意繞道走遠路，則一般人出門叫計程車時，就不用擔心受騙；但是在許多都市，計程車司機故意繞道走遠路，欺負外地旅客的事件仍時有所聞，使得計程車司機的「角色信任」無法提高。這時候，某些計程車公司強調服務和誠信的原則，在市場上就變成搶手的車行，有些人常會指名要搭某家公司的計程車。

「直銷員」的「角色信任」，目前在社會上還不高，主因是1980年代在台灣的非法傳銷事件，讓大部分的人視直銷為老鼠會，把「直銷員」視為拒絕往來戶。最近十多年來，隨著公平交易法和多層次直銷管理辦法的規範，和正派直銷公司及直銷員的努力，「直銷員」的形象提升了不少，但是距離產生角色信任的地步還很遠。因此，正派經營的直銷公司和直銷員必須像前述的計程車公司那樣，強調以「誠信」的態度來對待顧客，不要將誇大「快速致富」的說法掛在嘴邊；建立鮮明的特色之後，就能在社會上建立自己的「特定對象信任」。只有在建立了社會大眾對「直銷員」的角色信任之後，直銷業才可能真正的蓬勃發展，作為一個直銷員才能在社會上揚眉吐氣。

26 築夢與同路人
直銷員的兩大法寶

最近在頂尖的學術期刊"Administrative Science Quarterly"（行政科學季刊）裡面找到一篇2000年美國伊利諾大學香檳校區的「普雷特」教授所發表的直銷學術論文，論文主題是討論美國Amway公司直銷員對其直銷組織的感覺為何會有好的，有壞的，也有不明確的緣由。

普雷特教授會做這一篇研究的原因是他的親戚有人加入Amway公司當直銷員，他發現這位親戚周遭的人，有的非常認同他的直銷組織，有的卻很反感，還有一些人的反應不是很明顯。他為了研究造成這些不同反應的原因，就透過他這位親戚的推薦，加入安麗公司當直銷員，藉著參加各種教育訓練與聚會的機會，一方面自己學習和體會，一方面觀察周遭直銷員的心態與反應，並訪問很多直銷員（包括退出的直銷員）。經過兩年多的親身觀察、體驗並收集很多的訪談資料之後，他寫出這一篇研究報告，並獲得世界一流學術期刊的認同，予以發表。我認為除了他在文中的論點值得加以探討之外，也顯示只要研究做得嚴謹，立論有學術和實務的價值和貢獻，雖然是以直銷為主題，仍可刊登於世界一流的學術期刊，對有志於直銷學術研究的學者，毋寧是一大鼓舞和希望。

根據普雷特的研究，他發現直銷組織的運作有兩大法寶，第一是「築夢」，直銷員接觸他的潛在顧客時，第一步常常問他目前的生活狀況如何，有什麼缺憾，有什麼夢想。很多人都希望自己的經濟生活能更上一層樓，想要住大一點的房子，買好一點的車，讓家人可以過得更富裕；但以目前的職業和收入這些願望都難以實現。這時候直銷員就會以自己或成功的上線直銷員的圓夢經驗，告訴潛在顧客，從事直銷事業，這些夢想都有可能實現；以此來引起他們加入直銷的興趣。。

這是典型的「誘之以利」的作法，由此可見一般的直銷員都認為這種作法效果最快。但是這樣的說法有時候會被誇大為「短期致富」的夢想。事實上要達成這樣的夢想需要付出非常的努力，不是人人都可以做到，所以很容易導致將來的糾紛不斷；因此包括政府主管機關、本直銷學術研發中心和有遠見的直銷公司都不斷呼籲直銷員不要誇大直銷的致富機會。

第二項法寶是「同路人」的強化作用，眾所周知，社會上對直銷存疑的人仍佔大多數，一個新加入的直銷員，當他碰到的人都不認同直銷的時候，他很快就會打退堂鼓。因此普雷特教授所碰到的直銷員都會安排新加入的直銷員經常參加直銷員間的聚會，在這樣的聚會中，大家都是「同路人」，都認同直銷；藉著這樣的環境來強化新加入者對直銷的信心。這樣的作法事實上無可厚非，是組織認同的有效方法。

這兩項作法假如都執行成功，為新加入的直銷員所接受，則他就會成為組織認同很強的直銷員；反之，假如兩項做法都失敗了，這位新加入的直銷員就會流失，對直銷留下不好的印象；但

是假如兩項作法當中，有一項被接受，另一項沒有被接受，則效果不會很明確，有些人會留下來，有些人會選擇離開。所以如何恰當的運用這兩項法寶，讓新進直銷員心安理得的接受，才是直銷員成功的關鍵因素。

27　很多人不知不覺在做直銷

六月中旬我和太太到美國亞特蘭大去找喬治亞大學畢業的同學，大家畢業之後已經有將近二十年沒見面了。很難得的是居然能夠見到十幾位同學，大家各在不同的領域發展，平時很少見面，因為我們的到訪，大家才有重聚一堂的機會，興奮之情難以言表。

有一位賴同學聽說我從事直銷的學術研究已經十多年，特別高興，因為他最近加入一家直銷公司成為直銷員，他試著要找朋友加入會員，卻碰了好幾個釘子，因此希望我能夠幫他的忙，找個機會把直銷的精髓告訴大家。

我們到亞特蘭大，朋友們都很熱心，邀請我們去他們家住，我們就選擇一對比較不忙的鍾姓同學夫婦，住到他們家，生活起居都幫我們打理得非常周到。這位鍾同學的太太非常熱心，每天都會告訴我們，哪一家餐館的菜有什麼特色，然後就迫不及待的帶我們去品嚐。她聽說我們打高爾夫球需要擦防曬油，就介紹我們一種由水果提煉的防曬油，詳細說明這種產品的好處，還很熱心的去買了幾瓶來送給我們，讓我們大受感動！我問她如何知道這些產品的資訊，她說她的朋友都會互相介紹自己看過、使用過的好東西，大家用了之後滿意的話，就會迫不及待的轉告各親朋

好友。我問她，這樣做的動機是什麼？她說「好東西就要和好朋友分享」，若她知情不報的話，還會惹來眾親友的抱怨呢！

很遺憾的是直到我們離開為止，我一直沒有機會幫賴同學向他的朋友講解直銷的精髓；雖然鍾太太推薦的不是直銷公司的產品，但是從她的身上可以看到，只要動機純正，其實很多人都不知不覺的在做直銷，而且做得十分自然，做得心安理得。直銷的精髓就是「好東西要和好朋友分享」，不要把賺錢當作主要動機，像鍾太太的精神一樣，把自己使用過，感覺很好的「直銷公司產品」介紹給親朋好友，甚至買一些送給他們。若怕「直銷」引起排斥的話，開始的時候不需要特別強調那是直銷公司產品。等他們使用過後，感覺喜歡的話，自然就會來問你到哪裡去買，這時候可以視情況告訴他們這是直銷公司的產品；或暫時不必說，先透過你幫他們買，等他們再使用一陣子，對產品更加有信心之後再告訴他們，這是直銷公司的產品，並建議他們加入會員，以獲得會員價的優惠。由於他們已經對產品產生信心，自然就不會排斥加入直銷公司會員的提議。

我一再推廣這樣的直銷觀念，主要的原因是因為早期不肖業者把直銷的名聲給破壞了，讓很多人聞直銷而色變。為了匡正大家對直銷的誤解，直銷界的朋友必須花更多的苦心，用更多間接的方式，從產品的推薦著手，讓消費者先接受直銷的產品，再接受直銷的觀念。因此直銷公司對於產品的研發製造，更必須加倍用心，才能獲得消費者的認同。希望這篇文章能幫助賴同學和他的朋友瞭解直銷的精髓，也希望工商時報的讀者能體認我的苦心，共同來發揚這樣的直銷觀念，讓「直銷」早日為全體消費者接受，讓直銷成為重要的行銷通路和創業機會。

28 政府的有效管理
可以帶來直銷市場的繁榮

最近直銷界最關心的,莫過於大陸即將在年底之前制訂直銷的管理條例,開放大陸的直銷市場。大家忐忑不安的是大陸的直銷管理條例不知是寬鬆還是嚴格,開放的幅度是大是小。回顧世界各國直銷市場的發展,我們會發現,政府的有效管理可以帶來直銷市場的繁榮。

首先看直銷的發源地－美國,1945年多層次直銷的機制在加州首開風氣之後,直銷的旋風即席捲全美,但是很多非法的公司也乘機而起,假直銷之名混水摸魚,行獵人頭斂財之實,到1960年代把直銷市場攪得烏煙瘴氣,人人聞直銷而色變!直到1970年代美國政府出面取締非法直銷,訂定直銷管理辦法,將獵人頭的違法作法定為「金字塔銷售術」之後,直銷市場秩序才慢慢上軌道。此處特地強調「慢慢」的原因是,美國政府執法和立法單位對直銷的運作和可能產生的弊端,花了很長的時間才弄清楚,各州訂定的法律也不完全一樣。民眾因為受害太深,也花了很長的時間才接受正派的直銷經營模式。現在美國的直銷市場正逐漸步入坦途,很多知名的企業如寶鹼(P&G)、雀巢(Nestle)也都考慮將直銷列為其重要的行銷通路之一。美國的直銷業績高居世界第一,2002年的營業額達到二百八十七億美元。

日本是全世界直銷業績第二大的國家，僅次於美國，其直銷是1960年代由美國引進，不止正派的直銷公司，連靠獵人頭斂財的非法直銷公司也同時進入日本，在日本也因此同樣造成民眾的反感。直到1976年開始制訂直銷的管理辦法「關於訪問販賣之法律」，1978年再訂定「關於防止無限連鎖會之法律」來制裁非法的直銷，將非法獵人頭的直銷公司稱為「老鼠公司」、「金錢老鼠」，民間則以「老鼠會」稱之。經過二十多年，經由政府的規範取締和正派直銷公司的自清，日本的直銷市場才日漸蓬勃發展，2002年以二百四十五億美元的業績高居世界第二位。

　　韓國的直銷業最近幾年突飛猛進，2002年的營業額衝到四十六億美元，成為世界排名第三的直銷大國，其直銷發展的時間比日本稍晚，早期也是飽受非法直銷公司之苦，後來政府立法大力取締非法直銷公司之後，市場秩序才逐漸上軌道。

　　歐洲國家的直銷發展也是經歷同樣的歷程，1960年代飽受非法直銷公司的困擾，將非法的獵人頭制度稱為「滾雪球制度」，在德國、英國、法國、義大利加強取締，經過三十多年才讓直銷市場逐漸上軌道，2002年英國的直銷業績將近三十一億美元，法國為二十八億八千萬美元，德國二十六億一千萬美元，義大利二十三億五千萬美元。

　　台灣的直銷發展史是大家耳熟能詳的，1978年的台家事件引爆社會大眾對多層次直銷的惡感，稱之為老鼠會，直到1992年公平會成立，並對多層次直銷立法規範之後，直銷市場才慢慢步入正軌，2003年的業績更創下歷史新高的五百一十九億台幣。

　　從世界各國直銷的發展歷史，我們可以發現，因為直銷很容

易被不法之徒用來做為獵人頭斂財的工具，破壞直銷的形象，造成社會大眾的誤解和排斥。若政府能夠立法加以規範，並且很有效率的執法，遏阻非法公司的斂財活動，對於直銷的發展是有相當助益的。我們應該寄望大陸政府能夠汲取世界各國規範直銷市場、取締非法傳銷的經驗，訂定切合實際又能有效管理的直銷管理法規，讓直銷成為大陸重要的行銷通路。

29 多層次直銷的概念和早期的民間銷售模式不謀而合

最近有一位朋友林小姐看到她妹妹的臉部皮膚忽然變得比以前白晰、亮麗，就詢問她到底用了什麼秘方。她妹妹說她們公司有一個客戶莊小姐，臉上有一大片黑斑，大家都習以為常；前一陣子莊小姐再來公司辦事情的時候，公司同事發現她的黑斑竟然不見了，大家很好奇的問她，她說是擦一種自歐洲進口，在台灣分裝的美容保養品之後改善的，並把代理商的電話給她們。於是她們公司的女同事就一起去找那家公司談價錢，因為她們集體購買的數量比較大，所以代理商給她們定價七折的優惠。她們買來使用了一個多月，就產生明顯的效果。聽了這段經驗，於是林小姐就請她妹妹也幫她買一份來試用。結果她自己使用了一個多月，也有明顯的效果。林小姐的交遊更廣闊，認識她的朋友也發現她忽然變得比以前更漂亮了，紛紛請教她秘方。林小姐和她妹妹覺得這個產品真的不錯，值得加以推廣，於是去和這家代理商談價錢。這家代理商告訴她們，如果一次購買一百萬元的貨，可以打七折，若買二百萬元，可以打六折。這種數量大，折扣多的買賣方式在一般的交易是很常見的現象。

她們姊妹因此決定集資二百萬元，向廠商進貨，再以定價賣給一般客戶，若客戶一次買二十萬元以上，就打九折，五十萬元

以上打八折。至於自己的親朋好友，則酌量減價賣給她們。結果她們發現，由於本身皮膚的明顯改善，使得主動詢問的人很多。她們就告訴向她們買產品的客戶，等她們自己的皮膚有明顯改善之後，若有朋友詢問就據實以告，鼓勵她們買來試用，她們可以賺取折扣的差價。

　　這樣的銷售模式讓我回想起自己小的時候，一位親戚的皮膚非常漂亮，她平常都是向高雄的一個朋友拿一種面霜來使用，這個朋友是直接向工廠進貨再賣給認識的人。到底是面霜的功效好，還是這位親戚的皮膚麗質天生，其實已經很難釐清；但是很多這位親戚認識的親朋好友因為羨慕她的好皮膚，都請她幫忙買面霜，她就賺一點點差價。那時候還沒有多層次直銷，但是這種透過口碑與見證銷售產品，藉著購買量大給予價格折扣，讓銷售的人賺取差價的模式就已經非常普遍。這些銷售的人員不但不是公司的員工，更不能稱為公司的經銷商，因為她們沒有和公司簽訂任何合約，只是藉著口碑銷售，賺取數量折扣的差額。她們通常是以服務的心態去介紹產品，不是以賺錢為主要目的，所以不會很積極的去推銷，也因此沒有造成周遭親友的壓力，大家反而感激她們的熱心服務。

　　多層次直銷的概念和上述的銷售模式其實是類似的，只是現代的直銷公司把以前就存在的銷售模式予以制度化，將數量折扣的差價比例訂得更仔細，再加入激勵的觀念，設定各種獎衛和表揚制度，讓直銷員除了自用和零售之外，還有鼓勵客戶從事零售的誘因和動機；更設計出一套完整的教育訓練課程，除讓直銷員瞭解產品的特點和功能之外，還可以學習銷售產品和尋找下線直

銷員與輔導下線直銷員的方法，鼓勵直銷員積極的去推廣產品、建立直銷組織。直銷員應效法早期民間銷售者的精神，以「熱心服務」取代「強迫式的推銷」，不只效果會更好，還可以贏得大家的感激。

Chapter Two

第 2 章

01 直銷人員要勇敢的肯定自己的身份

直銷由於早期不肖業者所帶來的負面影響，讓大部分的民眾對它保持敬而遠之的態度，也使得直銷人員面對非直銷圈子裡的人，談到自己從事直銷事業時，常常不敢抬頭挺胸！也因此，有些人在進行邀約的時候，都會以其他藉口來安排見面的理由，而不敢直言要談直銷的產品或事業機會，但是等到見了面，卻很快就把話題轉到直銷的獎金制度和創業機會，讓應邀來的朋友有受騙的感覺。

這樣的例子聽到不少，讓我覺得應該給直銷朋友們一些建議。在直銷員聚會的場合，我常看到上線直銷員很熱誠的鼓勵、輔導下線直銷員；也看到下線直銷員對上線直銷員的推崇和感謝，大家談起直銷都精神熠熠，興高采烈；為何離開直銷人的圈子，到外面之後就畏畏縮縮，不敢堂而皇之的講直銷？

台灣的直銷業自從公平會在1992年公布「多層次直銷管理辦法」之後，就取得合法的身份，直銷市場秩序也在公平會的監督之下，日益穩定健全。其間雖然因為亞洲金融風暴和國內的景氣衰退，而有業績下滑的現象，但在1999年跌到谷底（357.34億元台幣）之後，即每年成長，2002年更達到歷年的第二高峰（431.77億元台幣）；直銷的參加人數更是每年增加，2002年已經達到

326.9萬人，佔台灣總人口的14.56%，直銷已不再是少數人從事的事業。根據直銷協會今年委託專業民調公司的調查，台灣民眾對直銷抱持好感的比例已達到48%，可見在正派直銷公司的努力經營之下，台灣民眾對直銷的觀感正在逐漸好轉。

台灣的直銷媒體報導，從最早1993年創刊的「傳銷世紀雜誌」（後來改稱直銷世紀雜誌），到2002年出刊的「直銷我的報」（現已改稱直銷雙週報）都是直銷的專業媒體，及至2003年四月「工商時報」在每星期二開闢一個「直銷專版」，終於在一般大眾媒體找到一個報導直銷相關資訊的空間。幾年前在「經濟日報」也曾有直銷的專版，但是不久就消失了！據說工商時報每星期二的銷路特別好，他們分析其原因，認為是讀者為了看「直銷版」而在星期二購買工商時報，使他們的零售量增加很多。

從這些現象可以看出，直銷的社會形象已經改善很多，直銷龐大的消費群正逐漸顯現其雄厚的購買力。在這個關鍵時刻，假如直銷人都能勇敢的站出來，向社會大眾表明自己直銷人的身份，藉著各種聯合公益活動的規劃、參與，利用「事件行銷」來增加媒體的曝光度，讓長久以來隱而不顯的直銷大軍浮出檯面，可以讓社會大眾對直銷的印象更加深刻，順勢將直銷的認同度衝破過半數的門檻！大家都以身為直銷人為榮，向人們推薦直銷的產品或事業機會的時候，也將更容易，更順利！

02　直銷要確立其為行銷通路之一的合法地位

檢視 1998 年四月大陸禁止直銷的背景資料，可以發現因為直銷市場秩序的混亂，非法直銷公司獵人頭事件的頻傳，導致各種糾紛的發生，帶來社會的動盪不安是禁止直銷的一大主因。很多人（包括政府官員在內）因此視直銷，尤其是多層次直銷如洪水猛獸一般，深恐再次開放會帶來更大的災難，這樣的群眾意識對直銷的開放會帶來很大的阻力，在世界各地也都曾發生過類似的事例。想要正派經營直銷的業者和直銷員必須設法改變大家對直銷的錯誤印象。

要改變大家對直銷的錯誤印象，首先必須強調「直銷」是行銷通路之一，從學術的角度定義直銷，給直銷一個正當、合法的地位。接著再說明直銷通路本身有其特殊的功能，善加利用，可以帶來「貨暢其流」的行銷目的，也可以提供產品愛用者一個增加收入，甚至自我創業的機會，對於社會經濟的發展更有提升的效果。最後要說明只有當「直銷」被惡人拿來做斂財工具時，才會造成社會問題；但罪不在「直銷」，而在濫用直銷的人。這就如同手機一樣，手機帶來通訊的便利是大家有目共睹的，但是當歹徒利用手機來行騙、勒索，甚至作為引爆炸彈的恐怖活動時，沒有人責怪手機的功能，大家都知道那是歹徒的罪過，而直銷也

是同樣的情形。

　　準此以觀，學術界能否將「直銷」定位為行銷通路之一，將是直銷取得正當、合法地位的關鍵因素。但很遺憾的是有相當比例的學者，尤其是專長行銷的學者，因為受到早期非法直銷的影響，對直銷產生排斥的心理，一直不願意對直銷多加瞭解，而不認為直銷是一種行銷通路。要克服此種障礙，直銷業界應該要積極和學術界合作，資助學術界從事直銷的學術研究，將研究成果公布給對直銷有誤解的教授、政府主管機關和社會大眾知曉，讓他們瞭解直銷確實是行銷通路的一種，並且有許多相關的學術研究報告。對於新進直銷員或高階直銷員，也要邀請學術界的教授來給他們講解直銷的學術定義和正確的直銷觀念，而不只是教他們如何去拓展下線或銷售產品。只有當學術界的學者專家和直銷業界上自公司主管，下至直銷員或直銷產品消費者，大家都瞭解直銷在行銷通路所扮演的角色，也確實認定直銷是行銷通路之一，才能夠透過廣大的接觸，讓全體社會大眾，包括政府官員，也能接受直銷是行銷通路的一種，則直銷立法或重新開放直銷所遇到的阻力才能化解。

03 上線直銷員扮演
　　　亦師亦友的重要角色

　　直銷業和其他零售行業最大不同的地方，就是其特殊的上下線關係。一般的零售業，其行銷人員都是由公司透過公開或特殊的管道徵才，自應徵的人員當中篩選，再由公司給予專業訓練，才上場擔任行銷的工作。其工作的監督、考核都是由其單位主管負責；每月都有固定的薪水，有些還會視其業績的高低給予獎金。而直銷業的直銷人員，幾乎都是由上線直銷員自己去尋找。根據研究，大部分的直銷員都是自其親朋好友或同事等與其有社會關係的人群中去尋找下線直銷員；只有在自己既有的人脈使用完了之後，才會再去開發新的人脈，進行所謂的「Cold Call」（陌生拜訪）。通常會做陌生拜訪的直銷員，其在直銷業的經歷都已經有一段時間，其直銷員的位階也都已達到相當高階的地步。

　　由於直銷員找的銷售對象大都是其親朋好友或同事，其介紹直銷產品或直銷事業機會的態度和方式與一般業務人員必須有所不同。首先他必須拿捏彼此的交情，根據個人的親身體驗和心得以及自己對對方的瞭解，以「分享」的方式，把直銷產品或直銷的事業機會介紹、推薦給對方，再根據對方的反應來決定下一步應該怎麼進行。這時候直銷員扮演的是「朋友」的角色，要讓對

方感覺你的出發點完全是以對方的利益或需要為考量；碰到對方的抗拒或排斥，也切忌死纏爛打，好留下下次再談的機會和空間。對於曾經抗拒或排斥直銷的親朋好友，將來要利用「機會教育」的方式，在適當的情境之下，不經意的順道提起直銷的產品或事業機會，探詢其繼續瞭解的意願。

　　對於已經接受直銷產品或直銷事業的親朋好友或同事，他們就成為你的下線。由於「直銷產品知識」或「如何從事直銷事業」對他們來說，都還是十分陌生的領域，你就要扮演「老師」的角色；除了安排他們參加公司舉辦的教育訓練之外，所有的輔導、激勵和教育的責任都落在你的身上，這是直銷業最特別的地方！這些下線直銷員就好像你的子弟兵一樣，他們的觀念、做法以至將來的發展和成就，有一大部分都看你如何來引導他們。所以有時候我們會說跟對了上線直銷員，就像進了資優班一樣，只要自己肯學肯幹，一定會出人頭地。

　　上線直銷員帶領一群「子弟兵」去從事直銷的事業，其組織文化的建立，有一大部分的責任就落在上線直銷員身上。不過上線直銷員也不是生來就是卓越的直銷員或領導人，他們只是進入直銷的時間比較早而已；所以他們必須自己不斷的學習、進修，最重要的是要有正確的人生觀和直銷的經營理念。因此我常常不厭其煩的一再呼籲大家，不要把直銷事業經營得「市儈氣」太重，希望大家把直銷看成是一個可以終身從事的事業；兼職來做可以補助家庭的收入，改善家庭的生活；專職去做更可以讓人生的許多夢想成真。當我們把上線直銷員定位為「亦師亦友」的時候，就是期望上線直銷員以身作則，建立一個「終身學習」的組織文

化，教導下線直銷員以「助人、分享」的方式來從事直銷產品與事業的推廣，讓直銷給人的感覺是「快樂、學習、成長、助人」的團體，自然可以吸引更多優秀的人才加入，更可以獲得政府及社會大眾的肯定。

04 經營直銷要理性與感性並重

直銷員推廣產品或事業機會時,大多數都是從他所認識的人開始。因為對象是認識的人,因此態度上要理性與感性並重,不要讓對方認為你將交情拿來做為金錢交易的媒介。

「理性」在直銷的推廣中是一個關鍵因素,但是有許多人因為對直銷的瞭解不夠深入或者信心不足,而忽略了理性的重要。所謂「理性」,就是說之以理,用冷靜的評估與多方查證,來建立對產品的瞭解和信心。一個正派且有潛力的直銷公司,它的產品必定有其獨特的特性,經得起客觀、科學的驗證,才能夠吸引消費者的購買意願。這獨特的特性,可以歸納為三類:第一類特性是產品的原料,有些公司強調產品使用的原料與其他業者不同,譬如有的公司強調其使用的原料是沒有污染的有機植物,有的強調蘆薈原料的特點,有的強調其使用的茶樹精油的特殊功效,有的強調其原料提煉自草本植物;諸如此類的訴求,都在強調其原料的獨特性。第二類特性是製程,有些公司強調其製程是採用最先進的製造技術,有些公司強調其廠房、機器設備的新穎完善,更有些公司強調其製程經過科學的認證。第三類特性是產品的功效,以直銷最大宗產品,營養保健食品為例,直銷公司最常強調的就是他們產品的功效,不過營養保健食品是一種食品不是藥品,

依法不可以宣傳其療效，只能強調其對體質的改善，最常用的證明方法就是蒐集使用者的親身體驗作為實際的見證。

「證據會說話」，直銷員必須善用證據，以理性的說法，來說服親友建立對產品的信心，不能空口說白話，以不切實際的說法來誇大產品的特性；消費者在聆聽直銷員介紹產品的時候，也要以理性的態度去檢視直銷員說法的真偽，不可礙於情面而照單全收，若事後存疑反悔，反而害了自己和直銷員之間朋友的情誼。一個有自信心的直銷員，非但不怕朋友的質疑，反而視其為說明解釋的機會，增加朋友對產品的信心，推銷成功的機會將會大增。

在親友接受直銷產品之後，就要用感性的態度，增加朋友對直銷的投入。所謂「感性」就是動之以情，動之以情可以分成兩個面向，一個面向是強調原有的交情，在對方理性的接受產品之後，希望其能看在過去的交情，加入直銷的行列，共同來開創直銷的事業；這對於動機不強，猶豫不決的朋友，可以讓他產生試一試又何妨的決心。第二個面向是強化彼此的情誼，在對方加入直銷成為下線直銷員之後，要藉著經常的聚會和輔導，增強他對組織的向心力，使下線成為活躍的直銷員；不只是積極的銷售產品，還要輔導他吸收下線，協助他建立直銷組織。新進直銷員最脆弱的時機，是他加入直銷之後的三個月，由於大部分新進直銷員都沒有推銷的經驗，需要上線直銷員幫他建立「經營直銷是利己利人的行為」的觀念，先做好心理建設，再教他推銷直銷產品的要領，並從旁輔導他，遇到挫折的時候安慰他、鼓勵他。

能夠善用「理性」和「感性」，直銷事業必定能夠經營得有聲有色，下線既心悅誠服的成為產品的愛用者，又勝任愉快的去推銷

產品、吸收下線，整個直銷組織充滿了向心力與活力，自己既贏得大家的愛戴，又有豐厚的收入！

05 直銷員的言行會影響公司的形象

直銷員和一般公司的業務員扮演的角色有些相同，也有些不同。相同的地方是兩者都希望將公司的產品成功的推薦給顧客，隨著銷售業績的高低，可以領到公司規定的業績獎金；不同的地方有許多點，本文特別要強調的有兩點，首先是聘用的方式，一般公司尋找業務員大多是透過報紙或人才仲介機構，尋找合乎特定資格，願意當業務員的人，經過公司面談、評選之後，錄取合適的人才，給予相當時間的業務訓練，通過試用期間的考核，才聘為正式的業務員，因此公司對業務員的選聘有一套嚴謹的制度。但是直銷公司的直銷員沒有資格的限制，只要有人推薦，就可以加入為直銷員，因此直銷公司對直銷員的資質、品性、能力基本上沒有選擇的餘地。

其次是和公司的關係，一般公司的業務員是公司的員工，每個月有底薪和業績獎金，出勤考核都受到上司和公司嚴格的控管，公司對於業務員的行為舉止可以有相當程度的掌握，因此出差錯的機會比較小。直銷員和直銷公司之間沒有僱傭關係，不領公司的薪水，只算是公司的經銷商，根據業績的高低領取公司訂定的各種獎金，既不用每天到公司上班，更可以隨自己的興趣和心情，決定工作的時間和時數，因此直銷公司對直銷員的掌握程度相當

低，對直銷員的言行舉止更加難以掌控。

但是直銷員去推銷公司產品或推薦事業機會的時候，是打著公司的招牌，消費者不一定瞭解直銷員和直銷公司之間的關係，所以直銷員事實上是以公司代表的身份在接觸消費者；直銷員的說法或作法，都會被消費者認為是公司的政策。很多直銷員為了打動消費者的心，常會有誇大的說法，最常見的是誇大產品功效或誇大事業賺錢的機會，當消費者事後發現沒有預期的好處時，會認為「這家直銷公司」騙人，而不會認為是那個向他介紹的人騙他的。因此直銷員的言行對直銷公司的形象有相當大的影響。

既然直銷員的言行對直銷公司的形象有相當的影響，直銷公司就有權力和義務來確保直銷員的言行符合公司的政策。這個權力來自直銷員資格的賦予和取消，直銷公司應該在與直銷員簽訂的合約裡面，明訂直銷員若有違反公司政策的行為，公司可以終止或吊扣直銷員的權益。在義務方面，公司要定期為直銷員舉辦公司產品和獎金制度的教育訓練，而且要規定直銷員必須上過公司舉辦的教育訓練，才能取得直銷員推廣的資格。只有藉著強制性的教育訓練，才能確保直銷員真正瞭解公司的產品和獎金制度。

直銷公司和直銷員雖然沒有僱傭關係，但彼此是命運共同體，直銷公司的產品好、制度好、形象好，直銷員銷售推薦的時候會比較容易；直銷員正派的去推銷公司的產品和事業機會，可以獲得消費者的認同和肯定，帶來好的業績和獎金。若有不肖的直銷員用誇大不實的方式去推銷，壞了公司的形象，其餘的直銷員也會跟著遭殃。所以直銷公司和直銷員要通力合作，維護公司的良好形象，對於不肖的直銷員，大家要一起來指責和取締。

06 銷界應和學術界密切合作以創造雙贏的局面

直銷學術研討會舉辦至今年已經進入第 21 屆，每年發表的論文，少則六篇，多的也達十三篇，在數量上遙遙領先世界各地的直銷學術研究！台灣與大陸的直銷學術界因為知道每年都有直銷學術研討會的舉行，提供直銷學術研究論文發表的舞台，因此投入直銷學術研究的興趣比其他國家、地區還高。世界性的直銷學術研討會，以發表直銷學術論文為主的，只舉辦了三屆，都是由世界直銷聯盟 (WFDSA) 和直銷教育基金會 (DSEF) 主辦的，其他以教育性或介紹性為主的研討會也辦了好幾場。因此台灣的直銷學術研究風氣可謂執世界之牛耳！

學術界積極進行直銷的學術研究，對於直銷的幫助有幾項重點：首先奠定直銷的行銷通路地位，由於早期不法之徒濫用直銷從事獵人頭的斂財活動，使社會大眾甚至政府單位對直銷普遍存在負面印象；藉著學術界公正、客觀、嚴謹的研究，可以還直銷清白的身份，確立直銷為正派的行銷通路。其次揭開直銷的神秘面紗，因為直銷產業甚少透過傳播媒體宣揚自己的經營理念和經營狀況，除了直銷公司的直銷員之外，一般社會大眾對於直銷公司的營運方式和狀況大都不甚瞭解，透過各種傳言，難免對直銷產生許多誤解；經由學術研究論文的發表，社會大眾才有公正、

客觀的管道來瞭解直銷。第三提昇直銷的經營管理水準，學術界的研究通常會進行文獻探討，比較各種理論、觀念、方法的優劣，再透過嚴謹的資料收集與分析，提出新的結論與建議，對於直銷公司或直銷員的經營管理有很大的幫助。

　　任何學術研究，都需要取得研究對象的各種資料來進行分析比較與整理；其他產業的資料常有許多公開的管道可以取得，要尋找訪談對象也比較容易，所以在研究上障礙較少。而直銷業屬於隱密、封閉的產業，一般人沒有管道可以直接接觸到直銷員，在市面上也很難找到直銷公司的所在，更別說公司的資訊了！這就使得研究直銷的學者面臨取得資訊的困難，也導致研究內容無法深入直銷的特性。直銷業者如能肯定學術研究對直銷的貢獻，對於學術單位的訪談和資料收集給予更大的配合和支持，可以使雙方都能互蒙其利。

　　學術研究論文蒐集的資料，常常是直銷業的整體資料，或好幾家公司的資料；經過分析整理後得到的結論和建議，對於各公司都會有參考的價值。但是要如何運用在個別的公司，就必須由公司針對自己公司內部的狀況，做進一部的檢討、評估，才能擬出適合公司特性的改進方案。

　　學術論文的用字遣詞，與一般教育訓練的表達方式有所不同，直銷人員剛開始可能不太習慣，而覺得難懂，但只要多聽幾次，多看幾遍，慢慢就會習慣了。直銷人員的學習能力一向很強，只要認清學術研究對直銷的貢獻不僅可以提供客觀而嚴謹的學術觀點，改善直銷公司和直銷員的經營管理方法，還可以提昇直銷業的整體社會形象，每一個直銷人員，不論是公司的行政管理人員

或是直銷員，都應該踴躍報名參加直銷學術研討會，以回報學術界對直銷的關心和投入！

07 直銷獎金制度的基本精神

直銷和其他行銷通路最大的不同，就是它的顧客同時也扮演經銷商（直銷員）的角色，可以銷售公司的產品／服務來賺取獎金。若是多層次直銷的話，顧客就不只可以扮演經銷商（直銷員），同時還可以吸收他的顧客來當他的下線直銷員，藉著公司的獎金制度，將自己和下線直銷員的業績合併計算，獲得更多的獎金。

直銷的獎金制度，尤其是多層次直銷的獎金制度，更具有獨特的魅力，很多公司因此花相當大的精神在獎金制度的設計上，不是自己參考其他公司的獎金制度來修改設計，就是聘請對直銷獎金制度較有研究的人來幫忙設計。為了和別家公司的獎金制度有所區別，或為了突出自己的特點，獎金制度的設計越來越複雜、越花俏，反而常常忽略了行銷通路的根本精神－「以合理的價格銷售顧客需要的優質產品或服務，以滿足顧客的需求，並獲得合理的利潤。」

多層次直銷獎金制度設計的主要目的有兩項，其一是建立直銷員的銷貨動機，其次是鼓勵直銷員吸收、培養下線直銷員。這兩項動機都可以由業績獎金的設計來達成。業績獎金通常是呈階梯式的比例設計，業績越高，獎金的比例也越高。這和其他行銷

通路一樣，隨著營業額的增加，可以拿到更高比例的業績獎金；這也和一般零售通路，顧客買越多產品，可以拿到越高的折扣一般。但是直銷和其他通路不一樣的地方，是它的獎金制度會將直銷員的下線業績累加起來，成為上線的組織業績，再根據組織業績來計算上線的組織業績獎金。依此往下推算，上線直銷員可以多領到和下線直銷員之間組織業績獎金比例的差額。因此上線直銷員藉著下線業績的幫助，可以領到更高的業績獎金，所以就賦予直銷員積極吸收、培養下線直銷員的動機。但是因為業績獎金的比例有其上限，當下線直銷員的組織業績也達到獎金比例的上限時，上線直銷員就無法自這個下線領到組織業績的差額，所以公司又設有組織輔導獎金、主管津貼等其他獎金，來獎勵上線直銷員繼續努力拓展業績和下線組織。

直銷獎金制度的設計既然是鼓勵零售和培養組織，它的設計原則就應該重視「公平性」、「激勵性」、「可達成性」、「杜絕投機取巧」、「避免坐享其成」以免淪入「獵人頭」的惡名。直銷的獎金制度可以說充分運用了「馬斯洛的需求理論」，直銷員從最基本的「溫飽需求」到最高的「自我實現需求」都可以滿足。但是若獎金制度的設計圖利特定人員，失去一分耕耘一分收穫的公平性，將使大多數的直銷員心生不滿；若獎金差額比例過低，就會失去其激勵的作用；若獎金設定的標準過高，讓直銷員難以達成，失去其可達成性，將使直銷員喪失興趣；若獎金制度中有漏洞，讓直銷員有投機取巧的地方，會使公司的獎金發放陷入混亂的情況。先加入的人，可以藉著下線的努力坐享其成，是許多人對直銷的印象，因此直銷公司的獎金制度必須講究一分耕

耘一分收穫，任何人不分先來後到，只要一樣努力，長期下來就會有一樣的收穫，不能因為加入的先後，就永遠享有不一樣的待遇。在這些原則之下，獎金制度的設計應該簡單易懂，不需要十分複雜，就能夠吸引優秀的人才加入。

08　忠誠的顧客是直銷的命根

在行銷管理的領域裡面,「顧客滿意度」與「顧客忠誠度」一直是最熱門的研究課題,每一篇研究,討論的都是影響顧客滿意度的原因,建立顧客滿意度的方法;更深入的論文,就研究顧客滿意度與顧客忠誠度的關係,因為顧客忠誠度是行銷的主要訴求。每一個零售業者使用不同的產品策略、定價策略、通路策略、促銷策略,就是希望能夠先吸引顧客上門或接近顧客,再用各種服務與策略讓顧客滿意;進而讓顧客繼續光臨,成為忠實的顧客。有研究指出,開發一個新的顧客所需要的成本,是留住一個老顧客的五倍,由此可見建立顧客忠誠度對一個企業的重要性。

我們最常看到建立顧客忠誠度的例子有:航空公司的會員累積里程數計畫,和銀行信用卡的消費累積點數計畫。由於航空公司的競爭激烈,光是靠削價競爭會損害公司的利潤,所以各家航空公司幾乎都推出會員累積飛行里程數的計畫。任何人都可以申請成為航空公司的會員,只要搭乘該公司的航班,就可以將飛行的里程數累積起來;達到一定的里程數之後,可以享有座艙升等、兌換免費機票或其他尊貴的服務。在這樣的制度之下,旅客會將他的行程盡量安排在同一家航空公司,以迅速累積里程數來享受各

種優惠，因此他就成為該航空公司的忠實顧客。銀行信用卡的競爭也是非常激烈，每一個消費者幾乎都有好幾張不同銀行的信用卡，為了讓消費者優先使用自己銀行的信用卡，每家銀行都推出不同的刷卡累積點數的計畫，累積點數越高，可以兌換的獎品越好。

直銷公司的獎金制度可以說是各航空公司累積里程數、銀行信用卡累積消費點數的靈感來源。各家直銷公司的獎金制度也許有些不同，但是基本原理都是一樣的，就是銷售業績越高，可以領到的獎金比例也越高。在多層次直銷的獎金制度當中，因為可以累積下線的銷售業績來計算組織業績，以獲得更高的獎金差額，使得直銷員除了銷售產品之外，還會努力去吸收、培養下線直銷員，所以在多層次直銷有「零售」和「組織」的雙向發展。

擴大直銷員的人數，對直銷公司和上線直銷員來說，都是獲利的重要來源，因此很多直銷公司都鼓勵直銷員以發展組織為主，以零售為輔。直銷員在接觸新對象的時候，也因此常以創業、賺錢的機會來吸引新會員的加入。但是太強調賺錢的機會，而忽略了產品的介紹、銷售，很容易步入獵人頭的老鼠會疑雲之中；而且要新加入的人從事銷售的工作，也不是一件簡單的工作。根據公平交易委員會的調查，2003年台灣參加直銷的人數有381.8萬人，而實際有領取獎金的人數只有66.8萬人，也就是說參加直銷的人當中，只有17.5%的人有在從事直銷的推廣工作，其餘的82.5%（315萬人）都是屬於消費型的直銷員。這些消費型的直銷員雖然沒有從事推廣的工作，卻是公司的忠誠顧客，靠著他們固定的消費，可以讓公司保有一定的業績。這樣的忠誠顧

客在其他行業是公司最珍貴的資源，公司會想盡辦法來滿足他們的需求，以維持他們的忠誠度。但在直銷業卻因為過分強調擴展組織，而把這些不重視銷售的忠誠顧客給忽略了，有些消費型直銷員甚至因為業績沒達到公司要求，遭到公司除名的命運，這是直銷業者和上線直銷員需要深刻反省的地方！

09 事業型直銷員需要企管的教育訓練

直銷事業的參加人沒有入會的門檻，只要他喜歡公司的產品，經過直銷員推薦之後，就可以加入直銷公司成為直銷員；所以各色各樣的人都可以成為直銷員。加入直銷員，並不表示他一定會去推銷產品或招募下線；根據公平會的調查統計，2003年的直銷員有381.8萬人，而領取獎金的直銷員只有66.8萬人，只有將近17.5%的直銷員有在經營直銷事業，領取獎金；由此可知，大部分的直銷員都是以購買產品為主，沒有在從事直銷事業。

有在經營直銷事業的直銷員比例這麼低，可能的原因有三：第一個可能的原因是有些人被親朋好友鼓吹加入為直銷員，雖然個人沒有意願，但是礙於情面，只好簽約加入，這些人可能買過第一批產品之後就不再購買，屬於名存實亡的直銷員；第二個可能的原因是有些人簽約加入直銷的目的，是為了享受會員價的折扣優惠，他們對於直銷公司的產品有興趣，喜歡使用，但是只想當消費者，這些人就屬於消費型的直銷員；第三個可能的原因是有些人加入直銷之後，興致勃勃的去從事推銷和推薦的工作，但是因為缺乏專業知識和心理建設，受到一連串的挫折之後就放棄直銷事業了。可惜目前沒有相關的資料可以分析這三種沒有領取獎金的直銷員的比例各占多少，假如第三種直銷員的比例很高，

就值得直銷業深入檢討改進。

經營直銷事業，不是只靠公司提供產品和獎金制度的教育訓練就能夠成功的。由於直銷的參加人各種背景、各種個性、各種能力的人都有；要去推銷產品、經營下線組織，和經營事業是一樣的。一開始推銷產品的時候，需要有相當的心理建設、心理準備，才敢開口去說明產品的特點，也需要有相當的產品知識，才能回答客戶的各種問題，碰到挫折的時候才能自我調適。直銷業目前強調「複製」的原則，要新加入的直銷員模仿上線的作法，照著去做；這在銷售產品的階段也許還行得通，等到吸收了下線之後，如何經營管理下線組織，就和公司主管如何帶領部屬是類似的挑戰。一般的企業主管都要接受專業的教育訓練，才能夠將部屬帶領得好；還要靠不斷的進修，才能夠更上一層樓。

對於大部分的直銷員來說，他們都沒有受過領導統御的教育訓練，更沒有受過組織管理和企業管理的教育訓練，要他們用土法煉鋼的方式，模仿上線的作法，就能夠做得有模有樣，是把直銷事業的經營看得太簡單了！也難怪大部分的直銷員都敗下陣來，只好放棄直銷事業的經營。要挽救這樣的頹勢，增強直銷員經營管理的能力，應是最好的對策。直銷公司應該建立一套直銷員晉升的機制，對於有心成為事業型直銷員的人，可以要求他們修讀直銷經營管理的入門課程，修讀完畢獲得結業證書者，將來業績達到公司晉級標準時，才有資格晉級；晉級之後還要再找時間修讀直銷經營管理的中級課程，將來才有資格晉升中級直銷員；同樣道理，要晉升高級直銷員的，也要修畢直銷經營管理的高級課程才有資格。

藉著三級制的直銷經營管理訓練課程，可以確保直銷員具備相當的經營管理知識和能力，對於他們從事直銷組織的經營管理有相當大的助益，對於他們的個人成長也是很大的成就。加入直銷有這樣的進修機會，會是另一個吸引重視個人成長的人加入直銷的重要誘因；整個直銷產業的素質和專業形象也會有很大的提昇。

10 發揮創意經營一個不一樣的直銷組織

　　最近有幾位以前教過的學生回來學校看我，談到他們的近況，才知道他們在幾年前一個偶然的機會，透過朋友介紹直銷公司的產品，覺得很喜歡，後來就加入成為直銷員，現在已經專職在經營直銷事業，而且做得不錯。他們在學校的時候，並沒有修我的直銷管理課程，最後還是走到直銷的路上來，也算是一種機緣。

　　在我們聊天的時候，他們提到，在他們的組織裡面，有很多醫生、工程師、教師等專業人士，素質非常高，我很高興他們有這麼優秀的團隊。再談到他們的經營方式，我更發現，每一個直銷人只要發揮他的創意，可以發展出與傳統不一樣的經營方式，讓直銷組織更加多元化，吸引不同族群的人來參加。

　　傳統的直銷經營模式，大多是由直銷員列出親朋好友的名單，再由上線直銷員陪同去拜訪挑選的對象，介紹產品特色或事業機會，利用鍥而不捨的接觸，希望能達成推銷產品或吸收下線的任務。這當中一定會碰到許多被拒絕的例子，也會碰到一些對方礙於情面，勉強買一組產品的狀況；只有相當少的比例，會找到熱情回應的對象。因此從事直銷的挫折機會很大，沒有相當的心理建設和上線的輔導、鼓勵，很容易就會放棄；也因為積極的推銷，

常造成親朋好友的人情壓力，成為直銷為人詬病的原因之一。

　　這幾位同學把直銷組織當成類似學生社團的方式來運作，大家合資租一個辦公室，把它布置成像社團活動的空間，各自去邀約自己的學長姊，或學弟妹來參加活動。活動的內容就像學生社團一樣，每次有不同的主題，有些是和直銷有關的，但也有些是和直銷無關的。和直銷有關的大多數是直銷產品的特性介紹和討論。他們自己收集許多報章雜誌的報導，再搭配公司提供的資料，以客觀討論的方式，大家一起來研究產品的特質和對人的幫助。在沒有銷售壓力的情況下，大家只是很好奇，很用心的去研究產品，把它當成一個課題來研討。等到個人對產品產生認同之後，再去研究自己有沒有需要使用該產品。若有需要，就會先買一些來試用，等到滿意之後，就成為產品的愛用者，甚至加入成為直銷員；若自己沒有需要，也會去尋找可能需要的人來加入活動，讓每一個人在活動中自己去體會產品的特性。

　　他們的這種作法，非常符合我一直在強調的經營模式：讓產品說話，不要急促的推銷，減少受邀者的壓力，讓他們心甘情願的加入直銷組織，而不是礙於情面，只有捧場一次。我很高興他們能夠自己想出這樣的運作模式，也讓我看出直銷組織的經營方式，會因為有更多不同背景的人加入，而產生革命性的蛻變！

　　因此希望所有的直銷員朋友們以我所舉的例子為參考，都能夠靜下心來，好好的反省自己以往的經營方式，是否有造成銷售對象的壓力？是否失敗的機會比成功的機會還高？是否把事業成功的機會講得太誇大了？然後再想一想，有什麼方法可以讓銷售的對象不會感到人情壓力，而能夠很高興的來瞭解產品的特性；

用什麼方式來介紹、推薦產品和事業機會，成功的機率會比較高。當大家都用心思考，發揮創意的時候，必定會有一些點子出來，這些點子可以和組織的伙伴們討論，若有一絲可行的機會，不妨實驗看看，也許因此發展出一套全新的經營模式，讓大家的業績突飛猛進！

11 創造品牌價值
是直銷公司努力的方向

直銷是一種強調以直銷員和消費者面對面的方式，進行產品特性解說，吸引消費者購買的行銷方式；一向都強調不做廣告宣傳，將省下來的廣告宣傳費用，化作業績獎金，供直銷員分享。但是近年來，在台灣的直銷業界，開始有公司使用各種廣告媒體，進行公司形象廣告的作法，這在其他國家，是非常少見的。由這一點可以看出，台灣直銷市場的競爭非常激烈，各直銷公司不僅要和直銷同行競爭，也要和其他通路的同類產品競爭，使得各直銷公司的高階主管無不想盡各種方法來提高公司和產品的知名度；由此引伸出直銷公司創造品牌價值的議題。

不論哪一個行業，公司的品牌知名度越高，公司的產品就越受到消費者的肯定和愛好，「品牌」會變成品質甚或社會地位的象徵。我們經常可以在報章雜誌上看到，消費者對名牌產品狂熱的報導。尤有甚者，當公司的品牌變成「名牌」之後，可以充分利用名牌的效應來擴充產品線，享受名牌所帶來的額外利潤。我們看一看世界知名的品牌，譬如 GUCCI, 1920 年代它只是義大利的一家皮件店，不過因為品質和做工精細，慢慢建立它的品牌知名度，後來藉著媒體的宣傳與各種創新的作法，逐漸廣受矚目；等到 GUCCI 變成世界知名的品牌之後，它的產品線就不再只限

於皮件製品，舉凡服飾、鐘錶、香水等時尚產品，都可以看到 GUCCI 的商標，而且都賣得很好！這就是它的品牌創造的價值。

　　直銷業強調運用直銷員的口碑宣傳作為擴展業務的主要管道，不需要投入龐大的廣告宣傳費用和開設店面的成本，讓許多新創業的公司得以在有限的資本之下，一步一步的開發它的市場；也讓一些跨國直銷公司，得以較低的成本和風險，在各個國家或地區開闢新市場，這是我們看到直銷公司可以迅速開闢國際市場的原因。

　　不過當一家直銷公司建立了相當規模的直銷員組織網，累積足夠的經濟實力之後，應該要開始構思建立公司品牌知名度、創造品牌價值的策略。直銷公司投入資源來建立品牌知名度，可以為公司帶來更大的營業額和更高的利潤；因為公司知名度提高，公司的直銷員推薦產品或事業機會時，更容易獲得消費者的認同與接受，從而帶來業績的成長；另一方面隨著公司品牌信譽的提高，公司可以引進更多樣化的產品，就像 GUCCI 從單純的皮製品行銷，擴充到各種時尚產品一樣，產品種類、品項增加了，營業額的成長將有加成的效果。

　　現在直銷業內的大公司，如安麗、如新、雅芳等公司都非常注重公司形象和知名度的提昇，安麗公司每年贊助舉辦「安麗盃國際女子撞球邀請賽」為安麗公司打出很高的知名度。如新公司贊助中華奧會選手的營養補充品，也大大提昇其營養保健食品的形象。雅芳公司的作為更是直銷業的創舉，他們採用多重通路的行銷策略，除傳統的雅芳小姐之外，在百貨公司設專櫃、在康仕

美藥妝店及雅芳專賣店銷售雅芳產品；利用產品區隔的方式，化解多重通路對雅芳小姐業績的威脅，創造公司與直銷員雙贏的局面。其他稍具規模的直銷公司，也利用廣告看板、贊助公益活動等方式來提昇公司的知名度。當然直銷公司在廣告宣傳方面的投入經費不像一般通路廠商那麼大手筆，但是我們可以看到，直銷公司除了利用直銷員的口碑之外，加上一點廣告宣傳，可以帶來畫龍點睛的效果。

12 直銷公司的獎金概念正逐漸被引用

直銷鼓勵銷售和推薦並重，直銷員組織業績越高，分得的獎金百分比也越高；獎金加乘的結果，具有相當大的激勵作用，對於產品的銷售和直銷員組織的擴充，有無可比擬的威力。可惜這套制度早期被非法的老鼠會濫用之後，在很多人的心目中留下錯誤且惡劣的印象，直到現在還有超過半數的人不認同直銷。但是直銷制度對吸引顧客、留住顧客的魅力還是引起許多企業的注意。我們看到很多企業雖然不是直銷公司，在他們的營運模式中卻可以看到直銷獎金制度的影子。

自從國內各銀行積極發行信用卡和現金卡之後，信用卡和現金卡已成為十分熱門的「產品」。有一些行銷公司專門承辦銀行信用卡、現金卡推廣的業務，他們雖然沒有稱為直銷公司，但是對於業務人員招募客戶辦卡的獎勵制度，和直銷的獎金制度有頗多相似之處，招募的業績越高，可以領到的獎金比例也越高。這些業務員也可能請他的親友幫忙推展業務，若有業績再由業務員自己提撥部份獎金給這些親友；這樣的運作模式和直銷非常類似。

即使是傳統的中藥材，其銷售方式也和直銷非常相像；大盤商批貨給他的下盤商的時候，可能給他五折的優惠價；下盤商再賣給他的零售商時，可能以七折賣給他；而零售商委託朋友幫忙

推銷的時候，可能給他一成的利潤。這樣的利潤分配模式，和直銷員上下線之間的獎金百分比差額結構，也是十分相似。

　　美國的捷星(Quixtar)網路行銷公司，在電子商務網站的眾家業者當中，業績遙遙領先，他所設計的獎金模式，和直銷公司一模一樣，可以說是一家採用直銷獎金制度的電子商務公司。從電子商務的角度來看，一般消費者會到各家網站瀏覽，尋找他想要購買的商品，通常以網站售價高低為其下單購買的依據；所以電子商務網站一般都以價格為其競爭手段。因此能將進貨成本壓低，營運效率提高的公司，才有生存的空間。在電子商務的領域，很難建立一般消費者的忠誠度。但是電子商務網站採用直銷的獎金制度之後，消費者為了領取獎金，會優先考慮在這個網站購物，所以很容易建立顧客忠誠度。

　　最後再檢視一般批發、零售通路的價格機制，製造商或進口商將產品賣給代理商或批發商的時候，會依照他們的進貨量多寡給予不同的折扣；代理商或批發商底下可能有一群中盤商，他們給中盤商的價格也是依購買量的多寡，給予不同的折扣；中盤商給零售商的價格也是依類似的模式計算。假如我們將上線直銷員看成是批發商，他的組織業績等於他向公司進貨的金額，公司會依照他的組織業績給他較高比例的獎金，相當於一般公司給批發商較高的折扣；他的下線直銷員的組織業績比較少，所以領到較低比例的業績獎金，相當於一般公司給中盤商較低的折扣，餘以類推。我們由此可以看出，直銷的獎金制度和一般零售通路的大盤、中盤、零售商的價格折扣是如出一轍。從這些例子可以看出，直銷的經營模式和很多行業的經營模式有很多相似的地方，尤其

是在業務推廣方面，業績獎勵的精神幾乎是一樣的。比較不同的地方一是，直銷上線將其下線直銷員視為自己的子弟兵，盡力給予輔導、教育、培訓，充滿了人情味；其次是直銷產品的使用者只要自己願意，努力去推銷，都可以拿到較高額的獎金，不像一般通路，零售商幾乎不可能成為中盤商，中盤商也不可能成為批發商。

13 重視消費者加入直銷的心理建設

根據公平會歷年的調查資料分析，每年都有七、八十萬新人加入直銷行業，但是直銷員人數的成長，每年都只有一、二十萬人而已；換句話說，每年都有五、六十萬人離開直銷業！雖然沒有進一步的資料可以告訴我們，這些離開的直銷員是何種身份，或什麼原因離開的，但是我們可以合理的判斷，這些離開的直銷員大多數是加入直銷不滿一年，遇到很多挫折、受到親友的反對而選擇離開直銷業。這些離開直銷業的直銷員，對直銷可能充滿失望，甚或感覺受騙，將來再加入直銷的機會很小；這樣的人越多，直銷的發展空間就越小，這是直銷公司、直銷員不能忽視的現象。

根據我們的了解，很多直銷顧問或直銷講師在教育直銷員的時候，都會強調直銷員要列出可以推薦的名單，積極的去邀約、接觸潛在的消費者，在上線直銷員的協助與密集的聚會之下，一方面介紹公司產品的優點，一方面強調直銷事業發展的機會，希望能在很短的時間，就能說服消費者加入直銷。為了達成這個目的，直銷員常常會把產品的功效作了誇大的宣傳，也把事業發展、賺錢的機會說得過份容易，讓消費者因此產生錯誤的期望。等到他們真正加入直銷公司，開始做直銷之後，才發現，事實上直銷

不像想像中那麼容易做，等他們再遇到幾次挫折，聽到家人、親朋好友的反對聲之後，就很失望的離開，而且懷著被欺騙的感覺。

　　我們可以說，在1970年代末期，當直銷剛剛被引進台灣，大家對直銷還很好奇，不會排斥的時候，做直銷不會有太大的困難，很少會有挫折的機會。很可惜那時候進入台灣的直銷業，大多是非法的老鼠會，利用社會大眾對直銷的無知，詐騙很多人的錢，使得全體國民對直銷產生排斥感，即使正派的直銷公司也很難經營；時至今日，直銷是老鼠會的觀念還存在很多人的心中。

　　在這樣的環境之下，對消費者加入直銷行列的心理建設，可能比銷售技巧的訓練更加重要。首先必須讓準備加入直銷行列的消費者瞭解，因為早期非法直銷老鼠會的影響，社會大眾普遍對直銷持負面的態度，因此做直銷會碰到很多排斥的聲音，會遇到許多挫折，這是無可避免的，也是必須要有的心理準備。其次要建議消費者自己先使用公司的產品，等到對產品感到滿意，喜歡產品之後，再考慮是否推薦、介紹給親朋好友。我們一直強調，直銷是靠口碑來宣傳的行銷通路，親身體驗是口碑的基礎，一個自己沒有使用過產品的人，去告訴親朋好友這個產品有多好，缺乏說服力。只要對方問一句「你有沒有用過？」就破局了。而且因為推薦產品的對象，通常都是自己的親朋好友，若沒有「好東西要和好朋友分享」的熱情，把交情拿來作為交易的工具，對很多人都是難以接受的行為。

　　此之外，還要告訴新加入的消費者，做直銷是在「行善」，不是在做生意。因為大部分的直銷員都沒有業務員的訓練，他們很難接受自己成為推銷員的身份；因此要讓他們瞭解，介紹優質

產品給自己的親朋好友，不是要賺他們的錢，而是把「好的東西」與他們分享，是一種分享的喜悅，是一種不藏私的助人行為。當他們把做直銷的層次提昇到這麼崇高的境界，對於別人的拒絕或排斥，就不會內疚、也不會有挫折感；反而會有替對方錯失好東西、好機會的惋惜，他反而會有再接再勵的熱忱。當新進直銷員都有這樣的心理建設，相信直銷員流失的比例一定可以大幅減少。

14 打造直銷組織崇高的形象

直銷是一個非常公平的事業機會,不論男女,不論年齡,不論學歷,更不論貧富貴賤,只要願意努力,都有機會成功。不過誠如我一向強調的,直銷要經營成功,必須先建立正確的心態和理念,要抱著「好東西要和好朋友分享」的心態,提供給親朋好友優質的產品和優良的事業機會,要存著「助人、做善事」的理念來推廣直銷的事業。有正確的心態和理念,遇到挫折的時候,才能夠迅速調適過來,重新燃起再出發的熱忱;如此持之以恆,經過一段時間,必能建立一個健全的下線組織。一個成功的上線直銷員,他所領導的下線組織常有成千上萬的戰友,這些直銷員是和他一起打拼事業的伙伴,大家一起經歷過許多挫折、困頓,靠著互相鼓勵,互相幫助,才能走出困難,踏上成功之途。

一個成功的上線直銷員,面對他的下線組織時,可以扮演許多角色,在事業上,他是下線的導師,教導他們如何經營直銷事業,為他們解答各種事業經營上的問題;他也是他們的啦啦隊長,利用各種場合、活動來激勵下線直銷員,讓他們隨時保持高昂的士氣,努力去做直銷;在生活上,他也常常扮演顧問和朋友的角色,分享下線的喜怒哀樂,並提供他的建議;他更是下線的偶像,大家都崇拜他,也希望有朝一日能夠像他一樣傑出、成功。他之

所以能夠扮演這些角色，不只是因為他比較早加入直銷，還因為他的努力和付出，才有可能達到這樣成功的地位，因此他比下線直銷員領到更多的獎金，可以問心無愧。

　　高階直銷員的學識、見聞不一定比他的下線還高，他會當一個成功的領導者，自有他個人的長處和特質。不過以人人力爭上游的心態，當一個直銷員經過長期的努力，建立了龐大的下線組織之後，身為一個組織領導者，他應該思考如何提昇自己的品格和視野，才能符合他的領導身份。我認為一個高階直銷員領導成千上萬的下線直銷員，他必須體認自己的影響力很大，責任也很重大。首先他應該要經常灌輸下線直銷員正確的直銷觀念，強調直銷行善的心態。其次他應該建立一個組織學習的風氣，在知識經濟的時代，每一個人都必須不斷的吸收新知，才不會使自己落伍。一個直銷組織裡面，可能有不同專長的人，安排他們報告分享自己的專業知識，是組織學習最快捷的方法。聘請外部講師來做專題演講，也是很方便的作法。組織小組讀書會，選擇大家有興趣的書來閱讀，再做閱讀心得的分享，是很多公司採用的方法。

　　除了正確直銷觀念的宣導、組織學習風氣的建立之外，高階直銷員還可以運用組織龐大的人力，來進行社會公益活動。直銷組織是人際互動最密切的團體，假如高階直銷領袖有崇高的理想，可以推動「取諸社會，還諸社會」，仁民愛物的觀念，鼓勵下線直銷員一起有錢出錢，有力出力，從事各種社會公益活動，譬如率領組織成員訪問育幼院、老人院、中途之家、喜憨兒之家等弱勢團體，給予關懷、鼓勵或提供捐款、衣物等，讓大家共同感受人性的溫暖。也可以率領組織成員從事一日志工活動，譬如進行

海灘淨灘或社區環境整理等活動。推動這些公益慈善活動的目的，就是希望將直銷員組織的熱誠，從賺錢的活動提昇到助人的境界，協助建立社會的善良風氣，也提昇直銷員的格局，打造崇高的道德形象。

15 直銷公司的門市通路策略

這學期在直銷管理的課堂上和同學討論直銷的通路優勢，特別強調直銷公司因為不需要開設店面，省下每個月的店面租金、水電費和店員薪資等固定支出，可能達到每個月四、五十萬元，同時還省下店面的裝潢布置費用，金額可能上百萬元。對於一家新成立的直銷公司，意味著一年省下將近千萬元的投資，尤其是開設的店面可能不只一家，所以省下的固定支出一年可達數千萬元。在成立初期業績還不穩定的情況下，少了這些固定費用支出，可以讓公司的資本撐過開創期的負擔。我們同時以統一超商 7-Eleven 開創的例子作比較，大家都知道統一超商當初是由統一企業邀集一些民間投資人共同投資開設的，不過因為初期的業績成長緩慢，而開店的固定支出龐大，在入不敷出的情況下，最初投入的資本額在兩年之內就花光了！要不是統一企業的高清愿總裁眼光遠大，堅持由統一企業再增資，並按原始投資金額把其他投資股東的股份買下，這些投資人的投資就全部泡湯了。統一超商總共虧了六年，才開始逐漸獲利，現在成了統一企業集團最賺錢的關係企業。因此無店鋪經營方式，對於初成立的直銷公司，是最保險的作法。

不過最近幾年在台灣，我們看到有些直銷公司把各地原來的

發貨中心改成展示中心，還開闢會議區，供直銷員帶客戶來做產品推薦，或事業機會說明的場所；同時也供直銷上線和下線開會之用，一時之間設立展示中心在台灣直銷界似乎蔚成風尚。最近更有直銷公司打算面對馬路開設店面，一方面建立公司的知名度，另一方面吸引路過的消費者入內參觀甚至購買產品。這樣的開店現象與世界其他各國的直銷業發展狀況有很大的差異。大家都很好奇，為何直銷業在台灣的發展有這樣的變化。

　　我們討論的結果有幾個結論，值得與大家分享。第一個結論是中國人的腦筋動得比較快，做事的方式也比較靈活，所以雖然是直銷業，還是會想出設展示中心，甚至開門市部的主意；第二個結論是大陸政府1998年頒佈改良式的直銷經營模式，規定直銷公司要開設店面，所有銷售活動都要在店鋪裡面進行，使一些直銷公司想要先在台灣試驗開店的效果；第三個結論是有些高階直銷員發現，把消費者帶到公司去參觀，較容易取得消費者的信任，所以建議公司在各地設立展示中心，讓他們可以帶顧客去參觀；第四個結論是公司發現，設了展示中心的地區，業績有較大幅的成長，投資報酬率可觀；換句話說，就是根據設立展示中心所需要投入的資金成本，計算出必須聚集人潮的門檻，能夠達到門檻才可以開設展示中心。

　　台灣這樣的發展趨勢是否會在世界各地適用，因此改變直銷的經營模式？我們根據聚集人潮門檻的理論，舉出一些論點供大家參考：我們認為直銷公司假如一開始就設立展示中心或店鋪，因為業績尚未起步，人潮門檻無法達成，很容易步上統一超商創立時的惡夢，幾年內就把公司資金消耗殆盡，若沒有雄厚的財源，

會走上關門倒閉的結局；只有在公司的直銷組織發展到相當規模，業績亮麗達到人潮門檻的時候，設立展示中心或門市部，才有足夠的人潮和業績來負擔展示中心或門市部的固定支出，而且會有相輔相成的加成效果。其次要考慮當地的社會結構，台灣因為面積不大，都會化的程度很高，房租、人員薪資相對便宜，所以設立展示中心或門市部的人潮門檻比較容易達成。反觀美國，都會區房租、人員薪資較高，人潮門檻也相對較高；郊區雖然投資成本較低，但是因為地廣人稀，聚集客源的能力有限，使設立展示中心或門市部的人潮門檻不易達成，所以比較不適合開設展示中心。其他的國家用類似的觀念，也可以分析其設立展示中心的可能性。

16　直銷是先加入先贏？

　　直銷是一個以人為本的行業，直銷公司提供優質的產品和設計精密的獎金制度之後，要靠直銷員去推廣、銷售產品，並且吸收下線，建立組織來協助銷售產品；公司業績的好壞，有一大部分取決於直銷員的努力和熱情。由於獎金制度裡面有組織業績獎金，高階直銷員可以領到較多的獎金，因此有很多人說，直銷是一個先加入先贏的行業，晚加入的人只能領到低微的獎金，對自己十分不利。若去加入一家規模較大的直銷公司，由於裡面已經有數萬，甚至數十萬的直銷員了，自己排在那麼後面，恐怕沒有什麼發展的空間，賺不到錢。這樣的說法居然在很多人之間流傳！乍聽之下好像還有一點道理。因此對一個有意參加直銷的新人，是去參加一間規模較大的直銷公司好呢，還是去參加一間新成立的直銷公司較有發展？

　　由於直銷是靠口碑來打開市場的，直銷員個人對產品的滿意，是建立個人對產品信心和熱情的基本條件，憑著這份信心和熱情，直銷員會很樂意去推薦產品給親朋好友。但是在產品知名度不高的情況下，光靠個人的信譽和推薦，要贏得顧客的接納還是不容易，除非產品有相當獨特的賣點，否則真是困難重重。這時候，歷史較久的大公司就占了相當的優勢，除了用公司的歷史和信譽

會走上關門倒閉的結局；只有在公司的直銷組織發展到相當規模，業績亮麗達到人潮門檻的時候，設立展示中心或門市部，才有足夠的人潮和業績來負擔展示中心或門市部的固定支出，而且會有相輔相成的加成效果。其次要考慮當地的社會結構，台灣因為面積不大，都會化的程度很高，房租、人員薪資相對便宜，所以設立展示中心或門市部的人潮門檻比較容易達成。反觀美國，都會區房租、人員薪資較高，人潮門檻也相對較高；郊區雖然投資成本較低，但是因為地廣人稀，聚集客源的能力有限，使設立展示中心或門市部的人潮門檻不易達成，所以比較不適合開設展示中心。其他的國家用類似的觀念，也可以分析其設立展示中心的可能性。來取信顧客之外，公司內部和上線直銷員累計多年的經驗和較完整的文宣資料，可以提供相當大的幫助。再從另一個角度來看，直銷公司銷售的，大多是需要重複購買使用的消耗品，只要掌握一批忠誠的顧客，就能保有固定的業績；再加上公司對產品的研發能力，不斷的推陳出新，比較不會有市場飽和的現象出現。

　　多數的直銷公司，其獎金制度都規定直銷員也要有個人的銷售業績，不能光靠下線的業績來坐享其成。而且當其下線的業績成長到一定的額度之後，就會獨立出去，自己無法再從下線那裡領到組織業績獎金，公司會安排領其他類型的獎金。所以後加入的直銷員不會被自己的上線擋住晉升之路，每個人都有自己努力的空間。每一個直銷員要看的是自己能夠吸收多少下線，銷售多少產品，如何輔導下線成為積極活躍的直銷員，增加組織的活力和業績，不必太在意上線直銷員領多少獎金；直銷不一定是先加入先贏。

為了驗證上述的論點，我們可以看看公平會公布的 2004 年台灣多層次直銷調查報告。2004 年台灣多層次直銷業的業績達到新台幣 683.04 億元的歷史新高，比 2003 年的 519.91 億元成長了 31.38％！參加人數也由 2003 年的 381 萬 8 千人增加到 2004 年的 387 萬 7 千人，增加了 5 萬 9 千人；破了一些人認為台灣直銷市場已經達到飽和的論點。根據公平會的報告敘述：「實施多層次直銷多年之業者，由於經營時間較長，較具規模，易吸引直銷員加入，而近期成立之公司，基於有 53 家業者於 2004 年間方投入直銷市場，因此 2002 年以後實施之 159 家事業中，5 成以上之新加入者規模為未滿 5 百人。」證明了成立較久，較具規模的直銷公司較易吸引直銷員加入。再看看前二十大直銷公司的營業額成長率，都超過 10％以上，有很多甚至超過 20％以上。由此可以看出，成立較久規模較大的公司，其直銷員人數的增長和業績的成長，都沒有停滯的現象；反而是成立不久，業績還不顯著的公司，成長的速度較為緩慢。

17 經營直銷也可以為公益團體籌募經費

直銷業受到早期老鼠會假直銷之名,行獵人頭斂財之勾當的拖累,在一般社會大眾的心目中,留下不好的印象,當時幾乎絕大多數的人都排斥直銷。這些年來經過公平交易法對多層次直銷的規範,公平交易委員會積極取締非法的直銷活動,正派經營的直銷業者潔身自愛,努力改善直銷市場秩序,學術界也積極進行直銷的學術研究,舉辦直銷業的聯合公益活動,在產官學通力合作之下,歷經十多年的努力,才漸漸改變社會大眾對直銷的錯誤印象,但是距離直銷普遍被社會大眾接受,仍有很長的路要走,大家仍然要想各種方法來提昇直銷的形象。

最近經本系同事介紹,認識一位「成長文教基金會」的幹部,和她談到直銷事業的發展遠景,她提到一個很好的構想,我覺得值得提出來和大家分享。像「成長文教基金會」這一類的非營利組織,他們本身的宗旨都是在從事社會公益活動,但是其營運經費需要靠社會大眾的捐款。我們的社會有愛心且願意捐款做善事的人非常多,但是因為詐騙集團實在太多了,使得這些有愛心的人不敢隨便捐款,都是看到媒體報導那個單位幫助了哪些可憐的人,大家就會熱心的把錢捐給那個單位。至於那些沒有特別的感人事蹟,無法在媒體曝光的公益慈善團體,就很難獲得大家的捐

款。我們就看到前一陣子媒體報導，有些公益慈善團體接受的捐款太多了，還要研究如何來運用這麼多的善款，另有很多公益慈善團體卻因為捐款不足而難以運作，看了真是令人難過。

這位幹部的構想是，由信譽可靠的公益慈善團體尋找一家產品優良，正派經營的直銷公司，號召有愛心的人士，加入這家直銷公司當會員，自成一個體系，誰當上線，誰當下線都無所謂。大家每個月只要購買自己需要的產品，若一個家庭每個月需要的產品金額達不到公司的最低要求，就兩三個家庭聯合組成一個單位來購買。所以大家都可以用會員價買到公司優質的產品，供自己家人使用，而且沒有業績的壓力。大家加入直銷的目的不是要賺錢，而是要累積善款，整個體系的所有獎金通通整合起來，捐給那個公益慈善團體，善盡每一個人的愛心。由於這是經年累月都在進行的活動，善款會源源不絕，當行有餘力的時候，還可以大家討論，是否撥一部份獎金捐給其他的公益慈善單位。

這樣的構想必須參加的人大家都有一致的愛心，由有公信力的公益慈善機構發起，加入的時候就說好是以「用會員價享用優質產品，直銷獎金要作為愛心捐款」為出發點，大家都做好承諾，甚至簽下經公證的約定，遵守約定絕不反悔。因此先加入的人去找志同道合的人的時候，和一般直銷員的說法完全不同，不是以做直銷可以當事業機會賺錢的說詞去勸說他，而是以做善事捐款給公益慈善機構，順便可以用會員價享用優質產品的崇高理想去邀請他。去說的人覺得自己在進行一項神聖的工作，完全沒有利害衝突，聽的人只要考量自己願不願意捐款做善事，有沒有需要這家公司的產品，不需要考量將來如何做直銷的問題。

我們以往是鼓勵直銷事業做得不錯的人，發揮愛心幫助公益慈善機構，提昇直銷的社會形象；這個構想更進一步，鼓勵大家藉著加入直銷，購買直銷產品來做善事，就像有些單位鼓勵大家買完東西，把統一發票捐給慈善機構，讓他們用中獎的獎金來做善事一樣。假如這樣的構想能獲得大家的認同和響應，直銷的功能和形象將有更大的提昇，直銷公司的業績也會突飛猛進；公益慈善團體有充裕的經費，可以幫助弱勢的族群，或促進社會的進步；尤有甚者，我們的社會更充滿了愛心，我們的子女在愛的環境下會更健康的成長。

18 多層次直銷業對大陸直銷管理法規之應變措施

台灣的直銷公司以多層次直銷獎金制度佔絕大多數,大家對於進軍大陸直銷市場,早就蓄勢待發,只等著大陸的直銷管理辦法公布。九月二日大陸政府正式公布「直銷管理條例」與「禁止直銷條例」,對於台灣的多層次直銷產業來說,猶如平地一聲雷,震得大家驚慌失措。這兩個條例對準備進軍大陸直銷市場的多層次直銷公司影響最大的有幾項。

一、「禁止直銷條例」第二條:直銷是指組織者或者經營者發展人員,通過對被發展人員以其直接或者間接發展的人員數量或者銷售業績為依據,計算和給付報酬,或者要求被發展人員以交納一定費用為條件,取得加入資格等方式牟取非法利益,擾亂經濟秩序,影響社會穩定的行為。「禁止直銷條例」明文禁止直銷,也就是多層次直銷的獎金制度是不被允許的。

二、「直銷管理條例」第三條: 本條例所稱直銷,是指直銷企業招募直銷員,由直銷員在固定營業場所之外直接向最終消費者(以下簡稱消費者)推銷產品的經銷方式。本條例所稱直銷企業,是指依照本條例規定經批准採取直銷方式銷售產品的企業。本條例所稱直銷員,是指在固定營業場所之外將產品直接推銷給消費者的人員。根據這一條規定,直銷員不需要在店裡面銷售產品,

可以到顧客家裡或任何適當的場所進行，恢復直銷的精神。第二十四條 直銷企業至少應當月支付直銷員報酬。直銷企業支付給直銷員的報酬只能按照直銷員本人直接向消費者銷售產品的收入計算，報酬總額（包括佣金、獎金、各種形式的獎勵以及其他經濟利益等）不得超過直銷員本人直接向消費者銷售產品收入的30%。這一條規定限制直銷員的獎金上限，在單層直銷的制度之下，零售業績的30%應該還不算太差。

　　三、第十三條：直銷企業及其分支機構可以招募直銷員，直銷企業及其分支機構以外的任何單位和個人不得招募直銷員。這一條規定一方面禁止直銷員招募下線，另一方面也限制其他企業和個人除非獲准，否則不得招募直銷員。

　　四、第十八條：直銷企業應當對擬招募的直銷員進行業務培訓和考試，經考試合格後由直銷企業頒發直銷員證。未取得直銷員證，任何人不得從事直銷活動。直銷企業進行直銷員業務培訓和考試，不得收取任何費用。直銷企業以外的單位和個人，不得以任何名義組織直銷員業務培訓。這一條規定把直銷員培訓和頒發直銷員證的工作限定由直銷企業來執行，直銷企業以外的講師或顧問公司都不得擔任直銷員的培訓工作。

　　就這四點來思考，多層次直銷公司假如要到大陸去發展，必須將原來的制度做一番調整變更。改成單層次的獎金制度，是最容易符合大陸政府的規定，但是對高階直銷員將造成很大的損失，顯然不公平。本人參考雅芳公司雅芳小姐的單層次獎金制度，和區經理為公司員工，領取底薪和獎金的制度，推導出一個符合大

陸「直銷管理條例」規定，又能保持公司業務發展的改良制度供業者參考。

　　首先對於現有的「事業型直銷員」，根據他們的業績和獎銜，仿照一般傳統企業的業務部門，訂出幾種階級、身份，將他們聘為公司的員工，領取不同的底薪和業績獎金。他們的底薪和勞、健保費、退休準備金，其實就是他們原有獎金的一部份，剩下的獎金就歸類為業績獎金，他們原有的上下線關係，就變成公司裡面上司和部屬的關係。由於這些事業型直銷員原來每個月領取的獎金就比這種新制度的底薪和其他費用的總和都高，因此改成新制度不會增加公司的負擔，只是換一種名目將獎金發給他們。由於他們在新制度之下，都是公司的員工，公司可以對他們實施不同程度的教育訓練，也不受直銷員培訓制度的限制，可以聘請海內外專業講師來對他們訓練。

　　業績和獎銜不夠高的事業型直銷員，以及消費型直銷員，則定位為直銷員或消費者，只能購買產品供自己使用或賣給其他的消費者；根據購買的數量或金額，領取 30% 以下不同比例的業績獎金，但是他們不能直接吸收顧客成為他們的下線。等到這個直銷員的顧客人數多了，而且有意願成為直銷員的顧客人數達到一定的數目，這個直銷員每月的業績也達到一定的水準，他就可以申請成為公司的員工，脫離直銷員的身份。這時候他原來的上線就是他的上司，原來的顧客成為直銷員的就歸他管，沒有成為直銷員的顧客，就撥給其他的直銷員照顧，但還是在他的管轄之下。

　　這種改良式的直銷制度，將原來的高階直銷員身份改為公司的員工，可以避免有人在外招搖撞騙，破壞直銷的形象。多層次

的獎金成為不同職級業務經理人員的獎金，與一般企業類似，也沒有破壞「直銷管理條例」的規定和精神。符合第十九條資格的業務經理，還可以成為公司的直銷培訓人員。因為高階直銷員都已經是公司的員工，可以代表公司出去招募直銷員，成為他的下屬直銷員，由他來輔導培訓。這和原來的多層次直銷運作模式類似，但是因為高階直銷員已經成為公司員工，公司可以直接管轄、指揮，也有義務負責、擔保他們的行為，比較不會發生意外，符合大陸政府維護直銷市場安定的考量。直銷界的朋友們不妨循此模式，思考如何調整公司原來的制度，以符合大陸「直銷管理條例」和「禁止直銷條例」的規定。

19 大家一起來推廣直銷商德約法

　　美國直銷協會有感於直銷市場在 1960 年代受「金字塔銷售術」（即非法直銷）的破壞，形象受傷慘重，社會大眾聞直銷而色變，讓正派經營的直銷公司和直銷員在推薦產品或事業機會的時候，遭遇很大的阻力，因此在 1970 年制訂「直銷商德約法」，要求直銷協會的會員公司必須簽約遵守。1978 年「世界直銷聯盟」在美國華府成立，以世界各國或地區的直銷協會為其會員，由美國直銷協會會長擔任秘書長，共同推動直銷市場的健全發展。1990 年代世界直銷聯盟開始大力推廣「直銷商德約法」，要求各國或地區的直銷協會根據美國直銷協會所訂的「直銷商德約法」，訂定各國的版本。台灣的直銷協會在 1995 年 12 月制訂通過台灣的「直銷商德約法」，要求會員公司遵守。

　　制訂商德約法的目的是為了健全直銷市場秩序，提昇直銷的社會形象。我們從直銷的運作狀況來分析，可以發現其中充滿了資訊不對稱的現象。首先從消費者的角度來看，消費者接觸直銷商品或直銷事業機會，唯一的資訊來源是直銷員。在市場上直銷是屬於隱蔽而且封閉的產業，沒有人指引、介紹，一般消費者根本不知道有哪些直銷公司，也不知道直銷公司販賣的是什麼產品，有什麼特點，和市面上所習知的產品有何區別。直銷的交易通常

都是由直銷員主動出擊，直銷員第一次介紹直銷產品或直銷事業機會給消費者的時候，大多選在消費者的家裡或工作場所，有時候會約在餐廳或咖啡廳。在沒有其他參考資訊的情況下，消費者對於直銷員所介紹的產品資訊或直銷事業機會無從比較；而直銷員為了達到銷售的目的，對於產品的特點、效果或直銷事業的發展潛力，常會不知不覺講得誇張一些，而且希望當場就能簽約成交。在面對面而且彼此之間並不是完全陌生的情況下，人情的壓力常會讓消費者難以拒絕。這與一般市場交易有所不同，消費者若是到一般商店購買東西，主動權在他手上，他可以蒐集資訊，多方比較同類的產品，選擇品質和價位符合自己需要的產品，比較沒有壓力。因此為了保護消費者不要承受太大壓力，能夠獲得正確的產品資訊，「直銷商德約法」制訂了保護消費者的條款。

　　有關保護消費者的條款，首先禁止直銷公司和直銷員有誤導、欺騙或不公平的銷售行為；在約談消費者的時候，必須表明自己的直銷員身份，不能假借朋友聚會的名義邀約，卻進行直銷產品的推銷，讓消費者有受騙的感覺；對產品的說明及示範，要完整、正確，尤其是價格、付款方式、猶豫期或退貨的權利、品質保證、售後服務項目等都要說清楚講明白；對於促銷的文宣資料或見證資料都要經過授權，不得誇大不實；禁止使用不公平或易誤導的方式來比較及詆毀其他公司的產品或獎金制度；要以正直的原則來對待消費者，尊重消費者的隱私權，消費者不希望繼續聽時要立即停止；也不得以介紹買主即可獲得折扣或獎金的方式，來引誘消費者購買產品。假如直銷員都能遵守這些條款，消費者可以受到保護，直銷的糾紛就可以減少。

直銷員和直銷公司之間也是處於資訊不對稱的關係，直銷公司的財力、產品原料、製造能力、產品品質、特性、價值、價格、成本資訊，以及獎金制度的設計精神、計算方式等，在直銷員加入直銷公司的時候，同樣沒有管道去瞭解分辨公司所發佈的資訊是否正確，是否有跨大不實，或有所隱瞞，甚至對於公司所做的承諾是否能夠履行，也無從查證。非法直銷公司之所以能夠危害社會，都是利用這些資訊不對稱的情況，欺騙直銷員，再一傳時，十傳百的擴散下去，達到斂財的目的。在這樣資訊不對稱的情況下，為了保護直銷員的權益，也為了避免直銷員去誤導消費者，「直銷商德約法」也制訂了保護直銷員的條款。

　　有關保護直銷員的條款，首先要求直銷公司提供直銷員有關直銷創業機會及其權利義務的資料要詳盡且正確，不得以錯誤或不實的方式，向直銷員表示有關直銷創業機會的各種好處；對於其他直銷員的收入聲明不得誇大，要有事實及文件作根據；不得收取明顯不合理的高額入會費、訓練費、經銷權費、業務推廣的資料費用；直銷員終止契約時，應接受其退貨，並買回可供再銷售的存貨，包括業務推廣資料、輔銷器材及創業資料袋；不得要求或鼓勵直銷員購買過量之存貨；應定期提供直銷員一份獎金清單列明銷售、購買、所得細目、佣金、獎金、折扣、運費等相關事項，所有應付款項須準時支付；應提供直銷員適當的教育及訓練。直銷公司若能確實遵守這些條款，直銷員的權益獲得保障，非法直銷的陰影就可以逐漸褪去。

　　除了保護消費者和直銷員之外，直銷公司與直銷公司之間經常是處於競爭關係；使用不正當的手段互相競爭，會使得直銷市

場秩序混亂，直銷的社會形象遭到破壞，因此「直銷商德約法」也制訂了維護直銷市場秩序的條款。要求直銷協會會員公司之間應該彼此公平相待，不得向其他公司的直銷員，以有計畫的誘導方式，慫恿其離開或誘導其加入自己的公司；不得不公平的詆毀其他公司的產品、業務計畫或該公司的其他事項。

　　直銷協會的會員公司必須簽署同意遵守直銷商德約法，並且設有商德約法督導人來督導各公司確實遵行。不過直銷協會的會員公司目前只有35家，相較於有在營運的276家直銷公司仍屬少數，光靠這35家會員公司厲行直銷商德約法，仍不足以維護直銷的市場秩序。因此我們一方面呼籲所有的直銷公司，公開宣布並確實遵守直銷商德約法，另一方面也鼓勵正派經營的直銷公司申請加入直銷協會，讓正派經營的直銷公司團結起來，致力於直銷市場秩序的維護，則直銷的社會形象就可以提昇，直銷市場的業績也必能突飛猛進。

20 直銷是高成本的行業？

　　大陸政府公佈的「直銷管理條例」，限制直銷公司的門檻是資本額至少要八千萬元人民幣，換算台幣至少要三億二千萬元，這已經不是中小企業可以經營的事業了！也和我們所理解的直銷業經營狀況有很大的出入。最近有一些企業界人士來和我討論，他們要進入直銷業的話，是否需要投入很大筆的經費？因為他們所看到的直銷公司，裝潢都講究氣派，產品說明會的會場也都是非常豪華，沒有很大的資本根本玩不起。這兩件事例讓我納悶，為什麼那麼多人會認為「直銷是高成本的行業」？

　　首先讓我們來看兩家知名直銷公司的創業過程，安麗公司的發起人，杰 溫安洛先生和理查 狄維士先生，他們本來是紐崔萊公司的直銷員，因為紐崔萊公司的經營領導階層不和，他們只好自己出來創業，用在紐崔萊公司學到的直銷知識和經驗，在1950年代末期開了安麗公司，初期以銷售濃縮洗潔精為主，公司位址就在溫安洛先生住家的地下室，狄維士家的地下室就當作貨棧倉庫。為了省錢，兩家只牽一線電話，再互相裝個電鈴，來通知對方。他們就在地下室，籌劃銷售手冊，在乒乓桌上做校對，再利用油印機印出來。業績慢慢的成長，也碰到許多挫折，累積資本和直銷員組織網的同時，再投資開發更多其他產品，最後成為直

銷界的巨人。

　　如新公司的創立，起因是由羅百禮先生和他的姊姊羅妮拉在談論市場上的保養品成分，真正有效的成分大約只有20%，其餘的80%都是為了增加容量，對人體卻無益的填充劑，他們想要生產只含對皮膚有益成份的保養品。於是他們找了幾位志同道合的伙伴，在附近租了一個地下室的小倉庫，共同成立了如新公司，資本額只有五千美元。他們延攬化妝品方面的化學師，經過幾個月的研發，研究出對人體無害的個人保養品配方，再去找願意幫他們生產的廠商，1984年第一批如新公司的產品就此問世。為了使產品的價格合理，初期他們甚至連容器和包裝盒都沒有，第一批客戶就是左鄰右舍、親朋好友，他們要自備容器來裝產品。等他們都覺得產品功效不錯之後，口碑就慢慢打開，需求量逐漸增加，公司也漸漸站穩市場的地位。

　　這兩家目前世界知名的直銷公司都是以很少的資本，研發生產具有特色的產品，利用第一批顧客滿意的口碑，為公司推廣產品，充分發揮了直銷的基本精神：「滿意的顧客是最好的推銷員」。直銷公司的經營根據我們的研究，應該是屬於創業資金需求較低，經營風險也較低的行業。因為所有的直銷員都是和公司簽約的代理商，不是公司的員工，公司不需要付他們固定薪水，也不需要負擔勞保、健保以及退休準備金，省下許多固定的人事費用；只有為數相對很少的幹部和員工，領公司的薪水。另一方面，公司初期不用開設店面，省掉每個月一大筆固定費用的支出，降低資金投資的風險。相對而言，直銷的經營風險比起其他通路低了許多，即使有一段期間，業績沒有快速成長，還不至於有太

大的資金壓力，也可說是有多少錢就辦多少事，規模可大可小。

　　大陸政府之所以要求直銷公司的資本額至少要八千萬元人民幣，主要是因為1990年代末期非法傳銷公司以獵人頭的方式，詐騙了許多人的錢，造成很大的社會風波。在直銷開放的時候，立下高的資金門檻，可以防止買空賣空的不法之徒，有取得合法執照的機會，免得他們藉合法掩護非法，讓無辜的民眾受騙受害。另一方面政府可能著眼於一家公司有八千萬元的資本，會去從事不法勾當，騙人錢財的機會比較小。再看「直銷管理條例」要求直銷公司每個月要存入至少二千萬元人民幣在特定銀行帳戶，作為保證金，以免有消費者糾紛的時候，公司一走了之，不負賠償責任或發獎金的義務，我們可以理解大陸政府要積極保護消費者，杜絕所有可能的詐騙管道的苦心。當然直銷業小額投資、低風險的創業機會暫時無法實現；不過我們可以寄望當直銷市場穩定健全的發展，一般消費者對直銷的運作有更深刻的瞭解之後，開放直銷市場自由發展也不是不可能的事。

　　但是台灣的企業界為何也認為進入直銷市場需要很大的資本呢？這就值得好好分析探究了。消費者追求名牌的心理相當普遍，品牌名氣響亮，消費者就會趨之若鶩；對於直銷來說，由於強調口碑，較少投資在媒體廣告上，以致品牌形象的建立較慢。因此國際性的大型直銷公司就比本土直銷公司更佔優勢，因為國際公司可以拿他們在國外成功的故事和名聲，建立消費者的信心，視其為某種程度的名牌而接受它。反觀本土直銷公司，除非是由知名企業轉投資成立的，可以藉著母公司的信譽來取得消費者的信心，否則剛創業的時候如何找到第一批消費者，就是很傷腦筋的事。

很多公司為了讓業績快速成長，會採用兩種方式，一種是去尋找所謂的直銷大老鷹；直銷大老鷹是指一個上線直銷員，底下有一大批下線直銷員跟著他，遊走於直銷公司之間，尋求優厚的加入紅利。當有新的直銷公司成立時，他們會以可以迅速帶來業績的高度成長為誘餌，要求直銷公司給付高額的加入紅利。這種大老鷹固然可以帶來短期的人潮和業績的成長，但是等他們發現新目標的時候，就會遠走高飛，讓原來的直銷公司業績重挫，損失不貲。另一種方式是用錢堆積排場，剛成立的時候就投下大資本，務求辦公室和會議室富麗堂皇，找一群人去幫忙帶人來公司參加產品說明會的時候，就希望讓這些前來的消費者感覺公司資本雄厚，產品一定很好，進而簽約加入成為會員。事實上，早年的老鼠會公司也都是用這種方式來贏得消費者的信任；但是錢賺了人就跑了，害得很多人傾家蕩產。這兩種方式經營直銷，確實一開始就要投入相當的資本，是否能夠成功，也沒有人敢保證。

　　難道在台灣就不能採用像安麗公司或如新公司那樣的創業方式，小額投資，以產品取勝，藉著口碑一步一步的發展嗎？答案是肯定的，因為我們常在報紙上看到很多近年小本創業成功的故事。直銷是比傳統事業小本創業更容易成功的，只是主事者要沈得住氣，願意一步一步腳踏實地的去做，不要想幾個月就發財，讓「滿意的顧客作你的推銷員」，適時的打氣激勵，有一天也可能像安麗、如新那樣成功。

2.1 台灣要引領世界的直銷學術研究風氣

直銷由於受到早期非法直銷負面形象的影響，世界各地的學術界，大多數人仍對其抱著排斥的態度；直銷在全世界都不是主流的學術研究領域，在大學課堂裡面，絕少被提起討論。行銷管理的教科書有提到直銷的，也只有一小段敘述而已；主要原因是作者先入為主對直銷的排斥，對直銷沒有接觸，也不甚了解，所以對直銷著墨不多；學術界願意投入直銷學術研究的教授更是鳳毛麟角。在這樣的環境之下，一般人對直銷的瞭解都來自直銷公司的說明，或直銷員的講解。由於立場的因素，直銷公司或直銷員一定挑好的、有利的觀點來宣傳直銷，使消費者難窺其全貌；碰到心懷不軌的直銷人員，更容易被引入歧途。而新聞傳播媒體通常只有在直銷出了亂子的時候，才會大肆報導，更加深大家對直銷的負面印象。

台灣的學術界曾經在1992年公平交易法和多層次直銷管理辦法公布的時候，由中山大學教務長黃俊英教授發起組織「直銷市場發展學會」，號召很多學術界教授參加，也有許多直銷界人士加入為會員。當時加入的學術界人士，大部分對直銷並沒有什麼認識，都是看在黃俊英教授的面子才加入的。黃俊英教授主張應該積極推動直銷的學術研究，讓大家對直銷有更清楚、更深入

的瞭解。要建立直銷的學術研究風氣，必須舉辦直銷學術研討會，讓直銷學術研究成果有一個發表的平台。所以他努力去籌辦直銷學術研討會，筆者當年有幸也參與籌辦的工作。

　　當時學術界根本沒有人做過直銷的學術研究，所以只好指定學會的常務理事每個人寫一篇論文來發表，1994年第一屆直銷學術研討會就這樣辦成了，共有6篇論文發表；由於都是學會常務理事寫的論文，雖然大家對直銷的瞭解都還很粗淺，論文的深度稍嫌不足，但文章的架構都還符合學術論文的要求。到了筆者接任學會第二任理事長的時候，秉承黃俊英教授的理想，繼續推動舉辦第二屆直銷學術研討會。這次是去搜尋各大專院校的碩士論文，找到與直銷相關的，就去邀請作者來發表，因為數量有限且得來不易，所以有些作者直接將其碩士論文的部分章節拿來發表，也只好接受。1995年第二屆直銷學術研討會有8篇論文發表。當時大家對直銷的看法，還是負面的占絕大多數，所以等1996年筆者休假一年，申請到英國愛丁堡大學研究，卸下理事長職務之後，這個學會也就停擺了。1997年筆者自英國回來之後，就在國立中山大學企管研究所碩士班開了一門「直銷市場專題」的選修課程，有6個學生選修，是全世界第一個開在大學正規學制的直銷課程，以筆者自歐洲蒐集回來的直銷論文為上課教材。為了延續直銷學術研究的風氣，筆者在國立中山大學校園內奮力抵抗同仁對直銷的誤解與排斥，在校長劉維琪教授的大力支持之下，於1998年成立直銷學術研發中心，以推動直銷的學術研究為主要任務，也獲得當時中華民國直銷協會理事長周由賢先生的支持，由直銷協會提供經費贊助，向各大專院校發出徵求論文的海報，順

利的舉辦第三屆直銷學術研討會。那次的研討會有12篇論文發表，其中8篇是筆者指導研究生，或和其他教授合作寫的論文，足見當時直銷學術研究的風氣尚未形成，只有筆者一個人全心投入。這樣的現象直到第八屆直銷學術研討會才漸漸改善，外界投稿的論文數量比中山大學師生投稿的還多，總共花了五年的時間才有這樣的成績，可見要推動直銷的學術研究不是一蹴可及。

　　2004年和2005年開始在海峽兩岸舉辦直銷學術研討會，因為錄取的論文作者有補助到對岸的旅費，所以投稿的論文篇數迭破紀錄，分別有28篇和29篇，而且作者來自很多不同的大學。我們可以看出經過十屆直銷學術研討會的耕耘，台灣的直銷學術研究風氣已經形成氣候，累計發表的論文有98篇，收錄在論文集裡面，沒有發表的論文也有11篇，已經遙遙領先全世界其他地區發表直銷學術論文的總和。

　　有鑑於台灣學術界有興趣研究直銷的人數已達相當的規模，更為了能夠集合大家的力量，群策群力將直銷的學術研究風氣推到更高的層次，我們在2005年初即提出籌組「直銷管理學會」的構想，經向各領域的人士徵詢意見，都表示樂觀其成。我們隨即召開發起人會議，向內政部申請成立「中華直銷管理學會」；經過一連串的籌備工作，有91位學術界和直銷界的人士申請加入個人會員，也有12家直銷相關領域的公司申請加入團體會員，3位研究生申請加入學生會員。學會終於在2005年12月9日正式成立，以每年舉辦直銷學術研討會，出版直銷學術期刊為初期兩大最重要的工作。為了強調學術導向，特別規定理監事成員中，學術界人士要佔五分之三以上。

有了直銷管理學會的推動，台灣的直銷學術研究風氣必定更加鼎盛，將來出版的「直銷管理評論」學術期刊更是全世界第一本直銷專業的學術期刊，該刊物幾年之後將成為全球直銷學術研究的旗艦。台灣從此要扮演引領世界直銷學術研究風氣的推手，相信台灣的學術界和直銷界都會引以為榮。特以此文祝賀台灣直銷學術研究巨艦的啟航。

22 直銷要從「心」做起

直銷沒有門檻,是一個最自由、最有彈性、最公平的事業機會,任何人不分種族,不分性別,不分年齡,更不分學歷、經歷都可以來從事;而且隨時都可以開始,累了或有其他事情要忙,也隨時可以暫停或甚至長期休息;付出的多收穫就多,不需要看人臉色,也不需要去巴結別人;在上流社會可以做,在中下階層的社會也可以做,大概再也沒有其他行業比它更自由、平等的了。

直銷員扮演直銷公司和消費者之間的橋樑,事實上大部分的直銷員都是直銷公司產品的消費者,這也是直銷之可以稱為直銷的主要原因。對消費者而言,分辨新產品的好壞是一個冒險的過程,產品廣告通常是產品資訊最主要的來源。但是廣告,顧名思義就是在強調產品的優點,吸引或誘惑消費者來購買。消費者只有買來試用過才知道產品的好壞,或適不適合自己。對於沒有打廣告的產品,即使擺在商店賣場的貨架上,消費者可能也不知道或沒有興趣去拿來試用看看,所以消費者可能錯過許多好的產品,或找不到他們需要的產品。直銷是一種面對面推銷的方式,直銷員必須先對產品特性有充分的瞭解,甚至必須自己先使用過,感覺到產品的優點,才有資格去推銷產品。而且直銷員推銷產品

的對象通常都是自己認識的人，例如親朋好友；對方也是因為有這層關係，才會願意聽直銷員介紹產品，這當中包含了對直銷員的信任。在這樣的情境之下，直銷員必須以真心誠意，從消費者利益的角度來介紹產品，而不是以自己賺錢為推銷的動機。所以直銷員推薦產品必須憑「善心」來進行；自己可以把介紹好東西、新產品給朋友，讓朋友因此有機會享用優質的產品，當作是在做一件好事、一件善事。

正派經營的直銷公司除了研究開發品質優良的產品，提供給消費者使用，滿足消費者對優質產品的需求之外，同時也提供了一個工作的機會，一個改善生活的機會，一個個人成長的機會給直銷員。由於沒有門檻的限制，任何人只要願意都可以加入直銷員的行列，徹底打破了貧富、貴賤的階級界線，真正創造了自由、平等的社會，對於社會的貢獻不是其營業額可以衡量的。不過因為直銷很容易被心懷不軌的人拿來做「獵人頭斂財」的工具，因而常飽受「老鼠會」污名化的影響。在這正邪並存難以分辨的領域，正派經營的直銷公司要憑「良心」和「耐心」來經營事業，不要急功近利，想要在短期內創造高額的業績，以致在有意無意之間鼓勵或縱容直銷員以「短期致富」作為推薦事業機會的誘因，反而忽略了優質產品的推薦、銷售，那將會讓消費者更難分辨「老鼠會」和正派直銷公司之間的區別。

消費者由於受到「老鼠會」污名化的影響，大部分人對直銷都抱持排斥的態度，然而目前市面上正派經營的直銷公司還是佔絕大多數，而且這些公司頗多具有非常先進的研發實力，他們推出的產品品質優良，產品功能也常常領先同類產品，但是因為沒

有花大錢投入廣告宣傳，使得產品知名度不像一般通路產品那樣出名，在消費者心目中可能不是知名品牌。但是根據台灣中山大學直銷學術研發中心的調查研究，其售價卻比一般通路的競爭品牌產品還要便宜；而且消費者只要願意支付一點資料工本費，加入直銷公司成為會員（或稱消費型直銷員），即可享受會員價（通常是20%左右的折扣）優惠，真正達到物超所值的效果。因此消費者只要摒除成見，用「開放的心」去試用直銷公司的產品，就能享受物美價廉的產品。

　　台灣的直銷市場很幸運由公平交易委員會來管理，公平會負責「多層次直銷」的官員都能秉持「公正的心」積極任事，對於有問題的直銷公司會及時前去調查、瞭解，一旦事證確鑿，能明快的加以懲處，使不法公司無法鑽法律漏洞，杜絕其在市場招搖撞騙的機會；對於正派經營的直銷公司則保持密切聯繫，放手讓他們去經營，不會有擾民的現象，因此台灣的直銷市場蓬勃發展，堪稱世界各國的典範。

　　正派經營的直銷市場可以帶來五大好處：第一，消費者有機會使用優質的產品，改善他們的生活。第二，直銷員把優質產品介紹給親朋好友，「好東西和好朋友分享」等於是在做善事；高階直銷員輔導、訓練下線直銷員，使下線直銷員在經營管理上、知識學問上、言談舉止上都有長足的進步，提升整體國民的素質，功不可沒。第三，直銷公司研發、製造優質的產品，滿足消費者的需求；提供直銷員專職或兼質的工作機會，提高國民所得，解決失業問題，對社會、經濟的成長幫助頗大。第四，由於直銷公司的業績蓬勃發展，其繳交的各種稅金對於政府的稅收有很大的

的貢獻。第五，直銷公司的產品研發、製造會帶動原物料的種植或生產、製造相關產業的成長；直銷公司的經營管理需要很多工作人員和管理幹部，直接創造許多就業機會；直銷公司的物流配送、資訊流、金流的需求也會帶動相關產業的蓬勃發展。

　　正派經營的直銷公司可以為國計民生帶來那麼多的好處，可說是富國裕民的產業，卻因為早期非法直銷公司「老鼠會」的污名化，使得一般社會大眾無法以平常心來接納直銷產業，是十分令人遺憾的事。筆者自 1992 年開始接觸、研究直銷之後，即發現此一令人扼腕的現象，因此以提升直銷的產業形象，遏止非法直銷的危害為使命，積極推動直銷的學術研究。在這期間經常有各界人士詢問筆者為何投入直銷的學術研究十多年而無怨無悔，筆者常要費心一一說明；此刻剛好藉此丙戌年新春開始之際，在專欄上做一詳細說明，希望能讓從事直銷的公司幹部、直銷員能更珍惜自己的角色和貢獻，也讓對直銷不十分瞭解的人能對直銷有一番新的認知。

2.3 直銷的定義

直銷自 1886 年雅芳公司在美國打出名號之後，單層的獎金制度盛行了將近 60 年，一直到 1945 年紐崔萊公司在美國推出多層次的「團隊計酬」獎金制度，多層次直銷就成為市場的主流，但也引來不法之徒以這套獎金制度來做獵人頭斂財的勾當，1960 年代在美國造成很大的社會風波，讓社會大眾聞直銷而色變。這種獵人頭的變質直銷比正派的直銷先傳到歐洲、日本，破壞了直銷的名聲，令正派的直銷公司在世界各地都經營得非常困難。幸好美國聯邦貿易委員會 (FTC) 在 1979 年判定安麗公司的多層次直銷是合法的銷售行為，才正式給了多層次直銷一個合法的地位。不過因為早期非法直銷帶來的負面形象，令各地的社會大眾對直銷始終抱持懷疑、排斥的態度；也因此學術界進行直銷學術研究的學者如鳳毛麟角，教科書裡面討論直銷的也幾乎沒有。因為教科書裡面很少討論直銷，遂讓直銷的定義不夠明確，很多人也因此始終搞不清楚；有鑑於此，筆者試著從行銷通路的角度來討論直銷的運作模式，並對直銷給予定義，若能被大家所接受，也許可以演變成直銷的正式定義。

行銷通路若從層級來分，可以分為零階通路：由產品的生產者、製造商，甚至進口商，將產品直接銷售給最終使用者或消費者，

這種方式被稱為廣義的直銷。當颱風、豪雨造成農產品欠收，以致農產品市場價格飆漲的時候，產地農民卻說他們也沒有賺到錢，都是中間商人壟斷市場哄抬價格所致，這時我們常會在報章雜誌或電子媒體上看到或聽到「農產品直銷」以減少中間商剝削的呼聲。由農民直接將農作物賣給消費者，是我們對「直銷」最簡單、清楚的認知。有些百科全書或外文雜誌的進口商，會聘僱許多工讀生去推銷書籍或錄音帶等產品給消費者，我們也認為是一種直銷；類似這種方式的直銷其實是人類最早的商業模式。後來有生產者或進口商，因為人力或財力有限，無法將產品賣給所有的顧客，就將他們的產品賣給通路商，通路商再賣給消費者，如此就成了一階的行銷通路；隨著產品銷售的範圍逐漸擴大，競爭的產品越來越多，通路商可能無法照顧全部的市場，就把他代銷的產品再分銷給各地或各種通路商，遂建立了許多層級的批發、零售通路，也就是所謂的多階行銷通路。在這樣的多階通路系統中，參與其間的，除了生產者和最終消費者之外，其餘的都稱為通路商；每一階段的通路商彼此之間都是銷貨與進貨的關係，銷貨者要開發票給進貨的通路商，最終的零售商則要開發票給購物的消費者。

　　根據行銷通路層級的觀念，我們可以說「零階通路就是直銷Direct Sales」。再來看看雅芳的單層直銷運作模式，他們在各地有「區經理」，屬於公司的員工，這些區經理會去吸收「雅芳小姐」，這些雅芳小姐可能先用了雅芳公司的產品，成了雅芳公司的消費者；在區經理的鼓勵勸說之下，有興趣將雅芳公司的產品介紹給親朋好友，公司訂有一套獎金制度，雅芳小姐隨著業績越

高，領到的獎金比例也越高，這就像一般的買賣習慣，買得越多折扣越高一樣，只是折扣變成了獎金。這些雅芳小姐若找到願意購買公司產品的顧客，就會幫她向公司訂貨，等貨到的時候再拿給顧客並代為收款，公司再按月計算雅芳小姐的業績，發給她獎金。雅芳小姐不領公司的薪資，不是公司的員工，但是因為她不是向公司購買產品，再拿去賣給顧客，而是幫顧客向公司訂貨，顧客拿到的發票是雅芳公司開的，所以她應該不是公司的經銷商，只是公司產品的介紹人，因此我們可以說雅芳的模式符合零階通路的定義，透過雅芳小姐的介紹，消費者是直接向雅芳公司購買產品。

　　再來看目前直銷的主流，多層次直銷模式，多層次直銷的直銷員除了扮演類似雅芳小姐的銷售功能之外，還可以吸收直銷客戶來當直銷員，稱為他的下線。上線直銷員除了吸收下線之外，還要做輔導、教育下線直銷員的工作，下線直銷員的業績可以累積到上線直銷員那裡，成為他的團隊業績，公司按照各直銷員的團隊業績來計算獎金的百分比。上線直銷員可以因為下線的業績累積而適用更高比例的獎金，給了上線直銷員吸收、輔導下線的動機。在這種多層次團隊計酬的獎金制度中，每一個直銷員本身也都是公司產品的消費者，而且都不是公司的員工，他們雖然號稱是在銷售公司的產品，但實際上他們只是扮演公司產品介紹者或推薦者的角色，顧客實際上是向公司購買產品，拿到的是直銷公司開立的銷貨發票，所以直銷員領到的獎金事實上是介紹費或仲介費。也因此多層次直銷也算是一種零階通路的直銷。根據以上的討論，我們可以對直銷 (Direct Selling) 做如下的定義：「直

銷 (Direct Selling) 是一種零階的銷售通路，透過非公司員工的直銷員，在不特定地點做推薦、介紹，促使消費者直接向直銷公司購買產品，直銷員因此獲得推薦、介紹獎金的銷售模式」。

除了透過「人」來媒介的「直銷」零階通路之外，還有一種透過「媒體」來進行的零階通路，我們稱為「直效行銷（Direct Marketing）」，這裡所提的「媒體」有透過郵寄「DM」、「型錄」等平面媒體的行銷模式，也有透過「廣播」、「電視」等電子媒體的行銷模式，近年來更有透過網際網路的網路媒體的行銷模式。由於我們強調零階通路的觀念，電視購物頻道或 e-Bay 之類的網路商城是否屬於直效行銷就頗有商榷的餘地，因為這些媒體扮演的角色就像電視或網路上的百貨公司，他們銷售各式各樣的商品，但都是去向廠商購買或簽約代銷的，消費者是向這些媒體購買東西，拿到的發票也是媒體開立的，所以這些媒體實際上是扮演通路商的角色，不能稱為零階通路的直效行銷，只有像戴爾電腦公司，自己架設網站賣自家的產品，才能稱為「直效行銷」。

24　直銷更要講究商道

　　最近自友人處借到韓國的連續劇「商道」，看完之後頗多感觸。韓劇最近颳起一股旋風，橫掃亞洲各國，其編劇和演出都非常細膩，自是其成功的原因，而貫穿其中的精神「論述」，極大部分是我們中華文化的「義與利之辯」。以前看的「大長今」也是一樣，劇情的骨幹是我們中國古代的醫術，神農嘗百草，視病如親，仁心濟世，這些都是我們常談的典範。反觀我們的戲劇、電影卻好像很少觸及這一類的題材了，韓國人能夠這麼用心的把我們中華文化的精髓融入他們的戲劇之中，造成潛移默化的效果，我們除了欽佩韓國人的用心之外，也應該感激他們對中華文化的發揚光大！

　　「商道」全篇強調的是做生意不是以「賺錢」為目的，而是要以「賺取人心」為主要目的，瞭解人們的需求，想辦法來滿足他們的需求，讓顧客心甘情願的付錢，還心存感激，這真是做生意的最高境界。假如一切以賺錢為目的，為了求取更高的利潤，囤積居奇，強制壟斷，把自己的利潤建立在顧客吃虧受苦的基礎上，賺到了銀子卻失去民心，總有一天會自食惡果。錢賺來了還是會有失去的時候，但是賺得的人心卻是永遠的資產，是別人無法搶走的。

孟子見梁惠王，王曰：「叟！不遠千里而來，亦將有以利吾國乎？」孟子對曰：「王何必曰利，亦有仁義而已矣！王曰何以利吾國？大夫曰何以利吾家？士庶人曰何以利吾身？上下交征利而國危矣！」，這是我們中華文化對「義」與「利」最著名的論述。

直銷之所以會被污名化，就是因為有一批貪婪之徒為了「撈錢」，盜用多層次直銷的獎金制度，以拉人頭入會就可以獲得高額獎金為幌子，以高價銷售虛級化的產品或價值難以認定的產品。參加的人需要花一大筆錢購買產品才取得加入的資格；他們不是為了喜歡或需要這些產品而加入，他們的目的是為了取得拉人頭領取獎金的資格；至於產品的功效或價值並不是他們考慮的重點。在「利」之所驅之下，公司和參加人大玩「拉人頭入會」領取高額獎金的遊戲，沒有人去仔細分辨「利潤的來源」；由於給的利潤豐厚，在短時間內就可以吸收數千人加入。公司就利用後加入的人繳交的入會金來發放獎金給介紹的人及其上線；但是時間一長，難免就會有人對公司產品的功效或價值產生質疑，這時候拉人入會就比較不容易了。當入會的人潮趨緩的時候，入會金的收入就會減少，但是因為上線人數擴大，需要發放的獎金金額持續增加，獎金的發放就會捉襟見肘，最終導致發不出獎金的局面，這時候公司負責人就捲款潛逃，留下大批受害的民眾催討無門，形成嚴重的社會事件。這種「老鼠會」的行徑法所不容，自有司法機關去取締，但是因為他們都打著多層次直銷的招牌，對於直銷的形象還是有很大的斲傷。

事實上，老鼠會和直銷公司的運作十分相像，其間的分野對於一般消費者來說並不容易分辨；在 1960 年代後期，美國非法

直銷公司氾濫的時期，即使像目前世界知名的「安麗」公司，在1975年還曾被美國聯邦交易委員會（FTC）認為是非法的直銷公司，稱為「金字塔銷售」（相當於我們所稱的老鼠會），經過四年的訴訟、調查，才在1979年被裁定沒有不法行為。台灣的直銷市場有公平交易委員會來管理，近幾年已經慢慢上軌道，但是根據筆者觀察，大多數的直銷公司吸收會員或對直銷員的激勵，所採取的「論述」仍然以「增加收入，創造財富」為主要訴求；當然是因為「誘之以利」是比較容易打動人心的手法，我們也不能反對。不過因為老鼠會的陰影始終籠罩著直銷業，「誘之以利」正是老鼠會慣用的手法，若要和老鼠會劃清界限，孟子所提倡的「義、利之辨」和「商道」所強調的「為商之道在賺取人心」正好可以提供直銷界一個很好的「論述」。

直銷面對的是廣大的消費者和直銷員，其「論述」的社會教育意義尤其深遠，以公平會的調查，台灣在2004年底為止，有387萬人曾參加直銷，佔人口總數的17.09％，可見其影響力的深遠，也就是說直銷公司和直銷員同時背負著影響社會風氣的責任。直銷界以「義」代「利」，以「賺取人心」代替「賺取金錢」是否有助於業績的提升呢？根據直銷協會委託專業民調公司所做的調查，到2004年台灣仍然有52％的人排斥直銷，而排斥直銷的人通常都認為直銷就是老鼠會！如何來爭取這52％的消費者認同直銷、接受直銷，應該是直銷業界需要共同努力的目標。既然「誘之以利」的論述和老鼠會糾纏不清，繼續推動「誘之以利」的論述必然無法贏得這52％消費者的認同。以「好東西要和好朋友分享」、「幫助個人成長」、「推動社會公益活動」、「自助助人」

等「賺取人心」的「論述」作為直銷業務推廣的主要訴求，才有可能改變這52%消費者對直銷的錯誤觀感。台灣直銷業的業績要突破千億台幣大關，需要從爭取不認同直銷的消費者著手，因此筆者認為直銷更要講究「商道」，希望大家共同努力，改善直銷的社會形象，讓直銷業績早日突破台幣千億的關卡。

25 校園直銷論壇是提升大家對直銷瞭解的途徑

　　直銷業在台灣的發展是否已經到了成熟期，這是很多媒體記者常問的一句話。以直銷自 1970 年代末期引入台灣，至今將近 30 年的歷史來看，直銷應該已經到達成熟期了；但是我們看到台灣直銷的業績，在 1995 年達到 448.45 億元台幣的第一次高峰之後，就因為亞太金融危機而一路下滑；直到 1999 年跌到 357.34 億元台幣的谷底之後才又逐步攀升。2003 年的業績達到 519.91 億元台幣，首度超越 1995 年的高峰之後，有人懷疑後續是否還有成長的動力，沒想到 2004 年的業績又勁昇到 683.04 億元。這一股成長的力道既強又猛，讓直銷業者樂開懷，也引來一般媒體的關注。這連續三年的大幅成長應該是一般媒體對直銷開始感興趣的原因。展望即將公布的 2005 年業績，直銷業者都抱持非常樂觀的態度。

　　析這將近 30 年的直銷發展軌跡，我們可以看出，因為 1970 年代末期到 1980 年代中期非法直銷所帶來的禍害，讓社會大眾一竿子打翻一條船，把所有直銷公司都看成是非法的老鼠會而加以排斥，以致正派的直銷公司經營非常困難。一直到 1992 年公平交易法公布，公平交易委員會成立，對多層次直銷立法規範之後，直銷才正式取得合法的地位；不過消費者對直銷的成見並無

法立刻化解，所以直銷業的業績成長緩慢。從 1992 年到 1995 年的緩步成長，可以說是直銷業者的努力，加上公平會維護市場秩序所帶來市場接受度提升的結果。很遺憾的是，在這成長的階段卻碰到亞太金融危機，整個消費市場受傷頗重的情況下，直銷業的業績也一路下滑。在 1999 年跌到谷底之後，隨著國內市場從金融危機中逐步復甦，再加上直銷學術研究風氣日漸興盛，直銷協會積極推動直銷的正派形象，使得直銷業的營業額不斷成長，四年之後就再創高峰，而且氣勢如虹。

　　直銷協會在 2004 年委託知名的市場調查公司，調查一般社會大眾對直銷的看法，結果發現有 48% 的受訪者不會排斥直銷，這意味著還有超過一半以上的人對直銷持負面看法。這也讓我們深深體會，當年非法直銷所造成的破壞，讓直銷被污名化之後，這二十多年來經過直銷業者、政府機關和學術界的努力，還是無法挽回大部分消費者對直銷的誤解；可見名譽的破壞很快，要恢復名譽又是多麼困難！正派的直銷公司更應該團結起來，共同為洗刷直銷的污名來努力，大家聯合監督直銷市場的運作，防止不法之徒假直銷之名，行斂財的勾當。

　　直銷市場假如正常發展，距離市場飽和還有一段很大的空間，因為那 52% 對直銷持負面看法的人，只要有一半能因為直銷業者的努力，慢慢接受直銷為一種正常的銷售通路，將創造相當大的市場成長空間！如何建立消費者對直銷的認同，是未來直銷業者努力的方向。依筆者的看法，最適當的途徑是透過在大學校園裡面舉辦直銷論壇的方式，來建立大學教師和學生對直銷的正確認識。大學教師和學生是社會現在或未來的中堅份子，本身具有絕

佳的學習和論理的能力，藉著直銷論壇，讓他們聽一聽對直銷有深入研究的學者和直銷公司的高階主管介紹直銷的經營理念和運作方式，再透過現場討論、詢問、對話，試著把他們對直銷的所有疑點都加以釐清，也許可以改變他們對直銷的觀感。直銷論壇的主要功能是要溝通大學教師和學生對直銷的看法，不以鼓勵他們接納直銷或從事直銷為目的，如此才不會引起他們的反感或排斥。這些參加過直銷論壇的大學教師和學生可以進一步邀請他們來參加直銷學術研討會，讓他們看一看、聽一聽直銷的學術研究報告，從學術的觀點去瞭解直銷之後，對於直銷的排斥應該就會減去大半；若能夠因此激起他們研究直銷的興趣，對於直銷社會形象的提升就會有莫大的助益。

　　這樣的校園直銷論壇可以一間學校，一間學校的逐漸推廣，形成一種巡迴各大學校園的模式。因為不是在鼓勵大學師生投入直銷，而是在建立他們對直銷的正確認知，具有教育意義，應該不致於引起教育部的關切，同時這樣的作法也等於在幫公平會做政令宣導，幫助直銷市場的健全發展，一舉數得！端賴直銷業的有志之士來共同推動。

26 直銷公司必須建立優質的企業文化

最近為了安排在大陸舉辦「校園直銷學術論壇」，到廣州中山大學去洽商合辦事宜，因為聽說安麗公司在廣州開設了一個直銷人員培訓中心，特別請安麗公司安排順道前去參觀訪問，深入瞭解他們培訓的宗旨和上課內容，也實際參與幾堂他們的培訓課程，回來之後有頗多感想，覺得應該和直銷界的朋友分享。

　　大家都知道，直銷是一個沒有加入門檻的行業，任何人只要有人推薦，都可以加入直銷公司成為直銷員。最近這幾年以來，由於發現忠誠的顧客是公司很重要的資產，直銷公司除了吸收有志從事直銷事業的直銷員之外，也接受以使用公司產品為主要目的的消費型直銷員。消費型直銷員可以享受會員價來購買公司的產品，不需要考慮業績的問題，所以應該稱為會員而不是直銷員。選擇當事業型直銷員的人起先可能將直銷當成副業，利用空閒時間來推薦產品或事業機會，他們都有一股做直銷的熱忱，但不一定有很好的銷售技巧或專業知識，在上線的帶領下從做中學，時間久了之後慢慢會摸出一些竅門，也就越做越順手。當每個月的業績達到一定的水準，收入不比其專職工作收入低的時候，就會考慮是否以專職的方式全心全力來從事直銷事業。所以直銷要做到高聘，只要努力、堅持、用心學習，遲早都可以達到。

但是我們常聽說有些直銷公司的教育訓練,以激發直銷員衝業績的激情為主,利用團體訓練的集體催眠手法,讓直銷員為了業績能夠衝到高聘的標準,可以領到高額獎金,不惜自己先花錢買下大量產品,準備日後再慢慢銷售。這種手法就是鼓勵囤貨,很容易產生類似老鼠會的弊端。可是因為這種方法在短期內確實可以幫公司創造業績,使得很多直銷公司樂於採用;其實這就像飲鴆止渴,對於公司的長期發展是不利的。當那些花大錢囤貨的直銷員無法在短期之內把產品銷售出去的時候,其資金壓力可能會逼得他將手上的存貨賤價出售,我們常會看到直銷公司的產品在拍賣網站或夜市地攤上販賣,就是這個原因。這種現象會造成公司產品在市場上的價格混亂,也會對公司的形象有非常不良的影響。

　　直銷業的發展,除了優質產品之外,其實最重要的是客戶服務,這是因為直銷產品通常有許多優點或特點,需要有專人解說,消費者才能體會或發覺。通常消費者都是在直銷員的人情壓力之下購買產品,但不一定能夠瞭解產品的用法或功能,這時候直銷員的售後服務會決定消費者的滿意度。假如直銷員能主動積極的去關心顧客買了產品之後的使用狀況,適時提供專業的咨詢服務,顧客較能正確的使用公司產品,也較能發現公司產品帶來的好處,從而成為滿意的顧客。滿意的顧客是直銷事業能夠不斷成長的基礎,因此直銷事業的經營應該以永續經營為目標,而不是追求業績短期的成長。

　　這些簡單的觀念其實就是直銷公司企業文化的根本,但是因為直銷員的加入沒有門檻,各色各樣的人都可以加入直銷公司,教育程度也就參差不齊;再加上直銷員不是公司的員工,公司無

法強制性的管理他們，但是直銷員的人數十分龐大，他們的一言一行卻又代表公司，使得公司必須建立優質的企業文化來對他們潛移默化，才能在社會上建立良好的名聲。安麗公司有鑑於此，再考量大陸人民貧富不均，教育水準參差不齊，乃毅然決然投入龐大的人力、物力，開辦直銷培訓中心，每年週而復始，不斷的將全國各地一批批的中高階直銷員送到培訓中心來上課，以建立直銷員對公司企業文化的瞭解與認同。

令我印象最深刻的是他們安排的課程內容，開訓典禮的重點是公司的介紹和公司高階主管的勉勵，除了建立學員對公司歷史和產品研發投入的瞭解和信心之外，對於公司的經營理念有生動的講解，完全沒有強調直銷可以短期致富，也沒有談如何建立直銷組織的訣竅，反而是鼓勵大家用心學習，追求個人的成長。第一天的課程主題是企業文化與專業知識，強調的是商業道德和溝通的技巧，第二天的課程重點是品牌管理和消費心理學，第三天的課程重點是生活禮儀和溝通。這些課程都是請大學教授或專業講師來授課，這樣的課程安排設計與我在六、七年前曾經規劃的直銷人員進修課程頗為相似，可惜那時候一般直銷公司和直銷人員都只注重銷售能力的提升，對於類似這樣的學術、文化課程不加重視，以致無法招到足夠的學生來開班。現在看到安麗公司的培訓課程居然不講銷售技巧，反而重視學員內涵與修養的提升，令我不得不佩服安麗公司的遠見與魄力。

本篇文章的重點是希望能喚起直銷公司與直銷員對於優質企業文化的重視，願意投入心力和資金來做正確的教育訓練，讓直銷人員都擁有正確的直銷經營理念，不以賺錢為唯一的目標；也

因此提高直銷人員的知識、文化水準。這樣的作法不只可以直接促進他們個人人格的成長，也能夠間接提升他們在消費者心目中的形象，對於直銷事業的發展有莫大的幫助。

27 直銷逐漸成為熱門的行銷通路

　　直銷自 1886 年在美國由單層獎金制度開始運作，經過將近 60 年都沒有引起太多爭議，也沒有特別受到世人矚目；直到 1945 年發展出團隊計酬的多層次獎金制度之後，由於其擁有強大的爆發力，遂從美國快速的向世界各地擴散。既創造了一些月入百萬的高階直銷員，也發生許多詐欺斂財的事件，造成社會動盪不安；幾乎每一個引入直銷的國家或地區，最後都必須由政府特別立法加以規範，使得直銷在各地的名聲褒貶不一。

　　由於直銷的負面形象在世界各地不斷出現，使得學術界也因此不願正視它，只有非常少數的學者在各國直銷協會的邀請下，斷斷續續做過一些研究。不過因為直銷研究的成果沒有發表的舞台（一般的學術研討會或學術期刊對直銷的學術研究論文都不予重視），使得這些學者激不起長期研究的熱情。在缺乏學術界長期、有系統的研究之下，直銷的運作缺乏學術理論的支持，坊間僅有的論述大都是直銷從業人員的心得報告。直銷從業人員因為受到主觀意識的影響，其心得報告容易趨於兩極化，一種是看到直銷帶給他的好處，為加深讀者的印象，其澎湃的熱情會讓他在下筆時，不知不覺有美化或誇大的傾向；另一種是受到非法直銷傷害的人，因為受到詐騙，既損失錢財，又貽笑親友，在其筆下，

所有的直銷就如洪水猛獸，只會帶來禍害。

　　隨著零售市場的競爭日益激烈，為了建立品牌知名度和市場佔有率，一家公司必須長期大量投資各種媒體廣告，甚至廣設零售店面才能順利將產品銷售出去，使得採用傳統零售通路所需投資的成本不斷攀升。在這樣的環境之下，有越來越多的企業在研發出優質的產品之後，開始考慮採用直銷通路，以節省創業初期龐大的廣告費用和增設零售點的投資。他們以前都沒有接觸過直銷，一旦考慮要採用直銷通路，馬上碰到的問題就是直銷的理論基礎和操作方式為何。要瞭解直銷的操作模式，最簡單的方法就是自己和幾位核心幹部分別找幾家直銷公司加入去當直銷員。這時上線直銷員和公司都會提供教育訓練課程，介紹產品特性、講解獎金制度，以及銷售產品、招收新人的方法。每個人只要用心一點，不出半年就能抓住直銷操作的要領；回來之後大家一起研究，取各家之長研擬出一套自己的獎金制度和操作模式，就可以試著運作了。另一種方法是靠人才仲介公司幫忙物色直銷公司的高級幹部，高薪禮聘來公司幫忙。除此之外，也有幾家專門輔導直銷業的管理顧問公司，可以請他們來提供輔導和協助。至於直銷的理論基礎，坊間最常見的是「倍增市場」的理論，不過這個理論只談論直銷人員一傳十，十傳百的理論增長現象，忽略了傳播直銷的高失敗率和高挫折感，也忽視了社會大眾因為老鼠會的遺毒而產生對直銷的排斥感。直銷的理論基礎應該涵蓋幾個層面，第一、直銷是一種行銷通路，作為一種行銷通路，最主要的功能就是要把優良的產品銷售給有需要的消費者；既然是一種銷售通路，則行銷學的「消費者行為」、「產品策略」、「定價策略」、

「促銷策略」、「通路策略」、「市場區隔」、「目標市場」、「供需原理」等理論都應該被仔細研究與應用。第二、直銷是一種人員銷售，直銷員既是代銷商也是消費者，在多層獎金制度之下更是領導者、經營者，因此管理學的「企業倫理與管理道德」、「規劃、決策」、「組織」、「領導」、「控制」等理論也應該成為直銷的理論基礎。第三、直銷是沒有加入門檻的行業，影響的人員數目遠超過其他企業，因此教育訓練和組織文化，成為直銷最獨特的地方。到底應該由直銷員組織體系來建立其組織文化和運作模式，或是由直銷公司來主導建立企業文化，在最近幾年碰到嚴厲的挑戰。因為以往的直銷運作，高階直銷員扮演培訓和樹立組織文化的重任，有些龐大的組織體系甚至在不同的直銷公司發展。但隨著有部分直銷員的不當言行損及公司的聲譽，公司被要求負責善後之後，有更多直銷公司藉著加強直銷員的教育訓練來強化公司對直銷員的影響力。

　　直銷的最後一項神聖使命，是可以提升國民的知識和生活水準；直銷員的教育程度、社會背景形形色色，直銷公司或直銷員的教育訓練不應只侷限在產品知識和推廣方法的講授，舉凡各種生活上的知識、文化都可以列入教育訓練的項目，假如能夠透過上線或公司舉辦的教育訓練，讓直銷員達到變化氣質、提升知識水準的目標，則直銷的社會形象將完全改觀。

Chapter Three

第 3 章

01　直銷在台灣的發展經驗

多層次直銷的概念在 1970 年代末期從日本引入台灣，造成一股風潮。去參加直銷組織的朋友，他們在各種聚會的場合，都會不知不覺就將話題轉到直銷。根據他們的說法，直銷組織賺錢很容易，加入的時候一個人只要買幾萬元的產品，將來再介紹三、四個朋友加入，領到的推薦獎金就可以把當初買產品的錢賺回來，再繼續介紹的推薦獎金就是淨賺的。他們都以幾何級數的成長來形容直銷組織的增長潛力，讓大家有一個美好的憧憬，人人期待加入直銷，不久就可以買名車、豪宅，一時之間發財夢變成大家的共同話題。可惜當初的直銷公司，其產品並沒有預期的功效和價值，經過一、兩年之後，消費者加入的意願就降低了。在新加入直銷員人數劇降，產品去化緩慢的情況下，直銷公司的收入就不夠來支付獎金，因此就經營不下去了。那些後來才加入的直銷員不甘心領不到獎金，金錢受損的情況下，向司法單位提出檢舉、控訴，引爆「老鼠會」的社會風暴，大家談直銷而色變。這是多層次直銷在台灣的第一次演出，後來證實這些從日本來台灣發展的直銷公司，在日本也受到日本政府的取締，屬於非法的直銷公司，日本將他們稱為「老鼠會」，所以從那時起，台灣也將直銷稱為「老鼠會」，人人鄙視。

1982年美商安麗公司到台灣來發展，它靠著美國聯邦貿易委員會（FTC）認定它是合法經營的直銷公司的判決，獲得部份消費者的認同而加入。但是因為整個社會對直銷的反感，使得他們的業績成長不像第一波直銷的發展時期那麼順利。後來也有一些直銷公司進入台灣，但是都要面對消費者對「直銷即老鼠會」的質疑；直銷員推薦產品或事業機會時，都要忍受對方防衛心理的冷嘲熱諷。為了建立正確的直銷觀念，加強直銷業的產業自律，幾家稍具規模的美商和台資直銷公司在1986年組成「直銷聯誼會」，共同推動直銷的正派經營理念，並於1990年正式成立「直銷協會」，加入「世界直銷聯盟（WFDSA）」為其會員，與世界同步推動直銷的自律與形象的建立，直銷業的發展才稍有起色。但是不斷發生的非法直銷事件，在各種傳播媒體上大幅報導，使得一般社會大眾對直銷仍普遍持負面的看法，一聽說某人在做直銷，其親朋好友都會刻意與其保持距離，避免其來推銷產品，或介紹加入直銷，直銷公司和直銷員面臨的壓力非常大。

一直到1992年台灣公布「公平交易法」，將多層次直銷加以規範，並由公平交易委員會制訂「多層次直銷管理辦法」來管理直銷公司。多層次直銷雖然成為第一個專門立法管理、規範的行業，但也因此取得合法經營的地位。公平交易委員會是新成立的單位，進用許多年輕、有理想、有幹勁的成員，在沒有歷史包袱的情況下，大家用心去瞭解直銷，積極取締非法直銷公司，幾年之內終於將直銷市場整頓得漸上軌道，直銷產業的業績也逐年成長，在1995年達到448.5億元新台幣的第一次高峰。不過社會大眾對直銷的偏見，卻無法在短期內導正，仍有超過八成的人對

直銷抱持負面的看法。

　　學術界和社會大眾一樣，認為直銷就是老鼠會，大家都不屑去研究直銷。直到 1992 年公平交易法確認直銷的合法地位之後，才有中山大學的資深教授出來號召台灣的管理學界組織「直銷市場發展學會」，推動直銷的學術研究。但是響應的人不多，在辦了兩屆「直銷學術研討會」之後，就銷聲匿跡。後來中山大學企管系的教授在校長的支持之下，於 1998 年在校內成立「直銷學術研發中心」，積極向直銷業界募款，每年舉辦「直銷學術研討會」，對各大專院校教授、研究生徵求論文投稿。由於持之以恆的努力，學術界進行直銷學術研究的風氣才慢慢培養起來。中山大學企管系更自 1997 年開始在碩士班開設「直銷市場專題」的選修課，以海內外發表的直銷論文為上課的教材，讓有興趣的研究生，從理論與學術的觀點來探討直銷；後來有博士班的學生對直銷的學術研究有興趣，也在博士班開設「高等直銷管理」的課，大量收集直銷論文來進行研究、討論。最近有一些大學生接觸到直銷，對直銷產生好奇，所以在大學部開設「直銷管理」的課程，讓選修的學生有機會從客觀的角度來瞭解直銷，認識直銷，以免受騙，同時建立對直銷的正確觀念。

　　經過直銷業、公平會、中山大學的通力合作，直銷的形象正逐漸改觀，傳播媒體對直銷的報導，也自負面的報導，轉為正面的探討；在中山大學直銷學術研發中心的推動之下，直銷業每年都會聯合舉辦公益活動，除了關懷、幫助弱勢團體，也提昇了直銷業熱心公益的形象。根據去年的調查，一般社會大眾對直銷不會排斥的比例，已經從早期的不到 20％，提昇到 48％；直銷產

業的年營業額也在 2003 年達到 520 億元新台幣，再創破紀錄的歷史高峰。台灣的直銷經驗，可以提供大陸的直銷發展一個很好的借鏡。很高興經貿世界雜誌邀我來開這個專欄，希望能對大陸的直銷發展有所幫助。

02 消費型直銷員是直銷公司的忠誠顧客

　　直銷給人的印象是加入直銷的人都非常積極、熱心，每一個直銷員都努力列出邀約的名單，在上線直銷員的輔導之下，很勤快的去拜訪名單上的親朋好友，向他們推薦公司的產品，講解產品的功效和特點；等到他們接受公司的產品，成為顧客之後，再積極的介紹直銷獎金制度及創業機會，輔導他們成為直銷員。這樣就能建立下線組織，而且組織是以幾何級數的速度成長，很快就可以擁有一個龐大的下線組織網。根據直銷公司的獎金制度，下線直銷員的業績可以累計成上線的組織業績，上線直銷員可以因此領到更高比例的業績獎金；所以很多人因為著眼於美好的「錢景」而加入直銷。

　　根據台灣公平交易委員會的調查，2003年台灣參加多層次直銷的人數有381.8萬人，而實際有領取獎金的人數只有66.8萬人；也就是說參加多層次直銷的人當中，只有17.5%的人有在從事直銷的推廣工作，其餘的82.5%(315萬人)都是屬於消費型的直銷員。這個調查結果和一般人對直銷的認知有很大的差距，顯然不是所有加入直銷的人，都會積極去從事下線組織的建立。我們根據多年的研究、調查，發現上線直銷員花很多時間和精力去吸收下線，就是希望下線直銷員也能夠積極去銷售產品、吸收下線，使組織

的規模不斷成長壯大。但是由於直銷員接觸的對象，大都不曾從事推銷的工作，在心理上沒有健全的準備，對於要將產品介紹給自己的親朋好友，藉此賺取零售利潤或業績獎金，總是感覺難以啟齒，因此會積極進行產品銷售的僅是少數，大部分人可能喜歡公司的產品，而選擇當公司的消費型直銷員。這是只有不到五分之一的直銷員有在從事直銷員品推廣工作的原因之一。

　　由於早期非法多層次直銷造成的社會事件，讓消費大眾對直銷留下負面的印象，幾乎絕大多數的人都排斥直銷。這樣的環境會讓新加入直銷的直銷員出去介紹產品或事業機會的時候，碰到許多挫折和消費者的排斥，從而打消繼續銷售的念頭；若自己對產品滿意的話，可能還會繼續當一個消費型直銷員，否則可能就會退出直銷市場，這是只有不到五分之一的直銷員有在從事直銷員品推廣工作的原因之二。

　　這些消費型的直銷員雖然沒有從事業務推廣的工作，卻是公司的忠誠顧客，靠著他們固定的消費，可以讓公司保有一定的業績，也讓他們的上線可以因此領到業績獎金。這樣的忠誠顧客在其他行業是公司最珍貴的資源；根據研究，開發一個新客戶要花費的成本是維護一個舊客戶的四倍以上，所以公司會想盡辦法來滿足客戶的需求，以維持他們的忠誠度。在直銷業卻因為過份強調組織的擴展，而把這些不重視銷售的忠誠顧客給忽略了；有的上線直銷員會不斷的督促這些消費型的直銷員去尋找客戶，希望他們能夠動起來，結果反而造成他們更大的壓力。有些消費型直銷員甚至因為業績不好，遭到公司除名的命運，這是直銷業者和上線直銷員需要深刻反省的地方。

本中心在 2000 年舉辦的「第五屆直銷學術研討會」發表一篇「直銷員離職原因之探討-以甲公司離職直銷員為例」的研究論文，論文調查發現，甲公司離職的直銷員當中，有很多人是因為公司的最低業績要求無法達成而離開的；而且公司規定，離開公司之後就不可以再回來。但是那些接受訪談的離職直銷員卻有百分之四十表達想要重回公司的意願。這篇論文發表之後，在台灣的直銷業界引起非常多的討論。很多直銷公司認清那些願意使用公司產品，但沒興趣進行直銷的消費者，是公司非常重要的資產，因此紛紛開設「消費型直銷員」的身份類別，不設最低消費額的限制，或把最低消費額訂在個人消費即可達到的範圍，給予零售利潤的優惠，但不計算業績獎金。結果兩全其美，皆大歡喜，直銷公司的產品有更多的消費人口，消費者也有機會享用直銷公司提供的優質產品。

03 參加直銷是個人成長的機會

大陸的直銷管理法規即將出台，大部分的人都很關心規定的寬嚴，獎金比例的上限百分比，以及首批發放的執照有幾張。但是更應該關心的是法規出台之後，直銷市場的秩序是否能上軌道，直銷公司和直銷員是否都能奉公守法，直銷才有前途。大陸改革開放之後，人民的生活水準日漸提高，但不可諱言的是貧富的差距和教育程度的差距也跟著擴大。那些生活窮困或教育程度不高的民眾，想要改善生活環境，即使付出比別人更多的努力，也不一定有成功的機會。直銷因為沒有加入的門檻，又被人炒作成致富的捷徑，遂使很多人盲目的投入，卻發現賺錢的路似乎看不到盡頭。

直銷確實可以提供加入的人一個改善生活環境的機會，但不是光加入直銷就能夠改善生活環境；其間還有很多知識和技能需要學習，還有很多心態和觀念需要建立。由於大陸政府立法的同時，有意要求參加直銷的人需要拿到證照，許多較具規模的直銷公司因此紛紛開始規劃直銷員的教育訓練計畫。這樣的趨勢對將來直銷市場的發展，具有撥亂反正的效果，相信有識之士都會樂觀其成。

在很多地區，直銷業者常常強調，直銷員只要複製上線的作

法，就很容易推廣。但是根據台灣公平交易委員會歷年的調查資料分析，每年都有七、八十萬新人加入直銷行業，但是直銷員人數的成長，每年都只有一、二十萬人而已；換句話說，每年都有五、六十萬人離開直銷業！雖然沒有進一步的資料可以告訴我們，這些離開的直銷員是何種身份，或什麼原因離開的，但是我們可以合理的判斷，這些離開的直銷員大多數是加入直銷不滿一年，遇到很多挫折、受到親友的反對而選擇離開直銷業。所以很顯然，光是學會複製上線的作法，並不保證做直銷一定會成功。

　　大陸的同胞，尤其是教育水準不高，經濟能力不好的民眾，加入直銷固然可以帶來改善家庭經濟與生活環境的希望；但是因為平常生活環境的限制，使大家對於經營管理，甚至基本的市場經濟運作，都不是十分熟悉。尤其是做直銷需要找顧客來購買產品，對於一個生活條件不好的人，他所認識的人當中，買得起直銷產品的，恐怕也是屈指可數，所以成功的機會不大。不過現在因為很多直銷公司都開始加強直銷員的教育訓練，也許會帶來轉機。

　　中國自古就流傳一種說法，十年寒窗無人問，一舉成名天下知；雖然是科舉時代的觀念，但也是強調只有藉由讀書，增長知識，窮人才有翻身的機會。在目前知識經濟的時代，更顯示知識的重要性。在直銷公司加強直銷員教育訓練的趨勢之下，參加直銷除了把它當作賺錢的途徑之外，更可以視為個人學習、成長的機會。平時身邊的親朋好友，對於你的知識學習和個人成長可能幫不了太多忙，但是一旦加入直銷之後，上線就會主動關心你是否有去參加公司的教育訓練，學習的成果如何，甚至還會給你個

人的輔導。他可是真心關懷你的，因為你的學習效果好，就比較容易產生業績，而你的業績可以帶來他的組織業績的成長，造成一個皆大歡喜的多贏結果─上線贏、個人贏、公司贏、買產品的顧客也贏（因為買到好產品）。

　　為了改善直銷員的知識水平，建立對直銷的正確認識，直銷公司的教育訓練也必須跳脫以往只注重產品與業績獎金的解說，以及強調積極推銷、快速致富的觀念。要從改變直銷員的個人氣質，建立關懷別人、與人分享的仁厚心態，灌輸消費者導向的經營管理基本理念，解說直銷的起源與發展歷史，認識正派直銷與非法直銷之間的差異。假如各家直銷公司都能朝這個方向努力教育直銷員，則直銷員會因為參加直銷而獲得個人的成長；直銷員的氣質提昇，他們的談吐也更容易得到別人的認同，交往的層級也會更加廣闊，他們能夠推薦產品或事業機會的對象也更多，事業更容易成功。直銷員的成功，會帶來上線和直銷公司的業績蓬勃發展。形成一個良性循環之後，社會大眾就會認同直銷，政府主管機關可以減少煩惱，國家的經濟也獲得改善！

04 多層次直銷具有推廣業績的爆發力

直銷最早出現在 1855 年，是美國田納西州的西南出版公司首先用來販售聖經的銷售方式；1886 年雅芳 (AVON) 公司的前身在美國新罕布夏州成立，聘用雅芳小姐來銷售香水，由於工作時間彈性及創業門檻低，吸引了不少女性加入直銷的新事業，開始挨家挨戶銷售香水，雅芳小姐深入各地。這種直銷屬於單層直銷，只有根據個人業績，向公司請領獎金。單層直銷在美國漸為大眾所接受，流行了將近百年，一直到 1945 年，美國加州的紐崔萊公司設計出多層次直銷的方式來銷售維他命等營養保健食品，業績成長迅速，立刻造成轟動，變成直銷的主流。今天世界各地的直銷業，大約有八成以上採用多層次直銷，而且單層直銷的公司很多也在考慮改用多層次直銷的模式。

單層直銷和多層次直銷的最大差異是，多層次直銷鼓勵直銷員銷售產品與吸收下線直銷員並重，直銷員可以根據組織的業績，領取組織業績獎金；而單層直銷只有鼓勵直銷員去銷售產品，賣得越多，領到的獎金比例越高，但是沒有組織業績獎金。就因為有組織業績獎金的關係，讓多層次直銷有了更強的動力，具有推廣業績的爆發力。

有組織業績獎金，會使多層次直銷產生爆發力的原因和直銷

人員銷售時會碰到的問題有密切的關連。直銷人員最常碰到的第一個問題是推銷產品遇到對方拒絕時產生的挫折感，這是最常碰到也是最嚴重的問題。假如直銷員單打獨鬥，遇上這樣的挫折，會難過很久，有些人會喪失繼續做下去的勇氣；有些人迫於經濟壓力，只好咬緊牙根，硬著頭皮再去找其他對象來推銷；只有非常少數的人會有不信邪的脾氣，再接再厲的去做。那些咬緊牙根，硬著頭皮再去找其他對象的直銷員，再遭到拒絕的機會還是一樣大，接連幾次遭到拒絕之後，他很可能就放棄了。有組織獎金之後，上線直銷員可以從下線直銷員的業績得到組織業績獎金，所以上線就會關心下線做得好不好，他會運用組織團隊的互相訴苦、互相鼓勵幫助下線克服心裡的挫折感，讓下線感覺有一個團隊當後盾，自己不是孤軍奮戰，而有較強的勇氣繼續做下去。

　　第二個問題是顧客問的問題自己不知道如何回答，假如是單打獨鬥，場面會很尷尬，生意可能就吹了。有組織業績獎金，上線就會當下線的教練或顧問，在下線出去推銷產品之前，會先教導下線如何去介紹產品，如何回答顧客的問題，還會陪下線直銷員去推銷產品，起初自己現場示範，讓下線學習；等到下線慢慢瞭解、熟悉之後，再由下線練習講解，上線在旁邊護航，遇到下線回答不了的問題，由上線幫忙回答；等到下線完全熟練之後，就可以單飛了。有這樣的現場輔導機制，可以確保下線不會遭遇被問倒的窘境。

　　第三個問題是直銷員個性內向，不敢開口推銷產品，因為有組織業績獎金的關係，上線直銷員會經常舉辦團隊活動，把下線直銷員聚集在一起，安排直銷員上台講話，在氣氛友好及眾人鼓

勵的情況之下，個性內向的直銷員比較敢開口講話。剛開始的時候可能會比較生澀，容易怯場，但是在大家耐心的鼓勵支持之下，會逐次進步，久了之後就會習慣在眾人面前講話，這時候再在上線直銷員的護航之下，要開口向顧客推銷產品就不會那麼困難了。很多原先個性內向拘謹的人，參加多層次直銷之後，慢慢變成能言善道的人，這都是拜組織業績獎金之賜。

　　第四個問題是自己不夠積極，容易偷懶或倦怠，因為有組織業績獎金的緣故，上線直銷員會經常查看下線直銷員的業績，對於業績不佳的下線，上線直銷員會去關切，詢問原因幫忙解決，或鼓勵督促，使容易偷懶或怠惰的人，在上線的關懷鼓勵之下，能努力去推銷產品。

　　由於有組織業績獎金的設計，每一個直銷員都會去關心、協助、鼓勵他的下線直銷員，大家變成一個團隊，因此比起單層直銷，多層次直銷具有推廣業績的爆發力。這也是單層直銷在美國風行將近一百年之後，在很短的時間就被多層次直銷所取代，多層次直銷成為直銷的主流。多層次直銷雖然容易被居心不良的人士拿來做獵人頭斂財的工具，變成所謂的「老鼠會」，但是只要政府主管機關嚴加取締非法的老鼠會，透過學術單位教導社會大眾分辨正派經營的多層次直銷與非法的老鼠會之間的區別，正派的多層次直銷公司團結自律，則多層次直銷可以為國計民生帶來極大的助益。

05　中小直銷企業的出路

直銷法律法規近日的出台，對於直銷業界來說，是一個既興奮又擔心的時刻，興奮的是有了直銷的法律法規之後，表示直銷可以合法的經營，不用再擔心社會大眾異樣的眼神，也不用再擔心公安會前來找麻煩。擔心的是初期的執照數量有限，再加上保證金的高門檻，很多中小型的直銷企業恐怕無法拿到執照，到底應該何去何從？即使有幸拿到執照，在眾多跨國直銷公司搶佔市場的情況下，中小直銷企業是否有存活的空間？許多傳統企業也視直銷為一個大有可為的市場，躍躍欲試。但是他們應該如何著手？成功的機會有多高？本文分析台灣直銷市場發展的經驗，提供大陸中小直銷企業出路的參考。

外商直銷企業在台灣表現亮眼

根據台灣公平交易委員會最近公佈2004年台灣多層次直銷產業的調查報告，整體多層次直銷產業的營業額比2003年成長31.38％，達到新台幣683.04億元；這是繼2003年20.41％高成長率，達到歷史新高點的519.91億元之後的又一大幅成長；在台灣景氣低迷的此刻，令各界十分訝異，也讓台灣的直銷業界非常振奮。台灣的直銷業在1992年公平交易法與多層次直銷管理辦法公布之前，普遍受到非法直銷「老鼠會」陰影的影響，社會大眾有將

近八成對直銷持負面的看法，直銷公司的經營非常艱辛，即使世界知名的安麗公司也是成長緩慢，小的直銷公司就更不用說了。1992年直銷在台灣正式取得合法的地位，和大陸今年的狀況一樣，不過因為台灣對直銷的管理是採報備制，沒有取得執照的問題，直銷公司的家數從1990年之前的四十多家，到1992年底暴增為139家，其後每年大約增加30家左右，到2004年底有276家直銷公司在營業。在這276家公司當中，營業額排名前十大的，只有兩家本土公司，其餘都是外商公司，他們在台灣都已經經營十年以上的時間，可見外商公司挾其雄厚的資本和多年的直銷經驗，還是有其競爭優勢。

電腦與網路是必要的投資

　　2004年台灣參加直銷的人數達到387.7萬人，佔台灣總人口的17.09％，比例相當高，可見直銷在台灣算是相當普及了。但假如再進一步分析，卻發現訂貨的人數只有134.1萬人，只佔參加人數的34.59％，換句話說，參加直銷的人當中，只有大約三分之一的人在一年當中曾經向公司訂貨，這表示有將近三分之二的人，當初可能是礙於情面加入直銷，但是並沒有興趣使用直銷公司的產品；也可能是當初邀請他們加入的直銷員，本身不夠積極沒有再跟進，去瞭解這些顧客使用產品的狀況，這些顧客在沒有人關心的情況下，就變成名存實亡的直銷員。

　　這三分之二失聯的直銷員，對直銷公司而言是極大的損失！雖然沒有更進一步的資料可以分析各直銷公司失聯直銷員的比例，但我們可以大膽的假設，規模較大的直銷公司，其失聯的直銷員比例一定較低。因為這些公司都有設立電腦資訊部門，所有

直銷員的業績資料，包括其每個月的訂貨記錄，都記錄在電腦檔案中，放在公司的網站上；上線直銷員隨時進入自己的帳戶之後，可以看到自己下線直銷員的訂貨記錄，當他看到哪一個下線直銷員的業績不好，甚至沒有動靜的時候，就可以主動去關心他，鼓勵他，協助他。在這樣的機制底下，比較不會有失聯的直銷員出現。但是在台灣，大多數的中小直銷企業，沒有體認到電腦和網路的重要，捨不得投資電腦、架設網路，因此產生許多失聯的直銷員，其損失其實更大！

再進一步分析直銷產業的調查資料，我們可以看到，一年當中有領獎金的直銷員只有77.8萬人，佔所有直銷員的20.07％，也就是只有大約五分之一的直銷員有在積極的推銷產品或吸收下線，另外將近15％的直銷員是屬於消費型的直銷員，只訂購產品供自己和家人使用。我們可以說這15％的直銷員對公司的產品是喜歡的、滿意的，但是對於去推銷產品或吸收下線可能遭遇過挫折，或上線直銷員沒有積極的輔導。同樣的道理，我們也會假設中小直銷企業會有較多這一類的直銷員。電腦化、網路化在某種程度上可以改善這種狀況，公司的業務部門也應該經常去留意直銷員的活動狀況，對於不活躍的直銷員，由公司舉辦講習會，邀請他們前來參加，協助上線來輔導他們，也是一種可行的方案。

優質產品是進入直銷的敲門磚

台灣的直銷業，以營養保健食品（減重食品也可以歸屬營養保健食品）、美容保養品、衣著與飾品、清潔用品為主要產品。中國人重視吃補品養身，現在的營養保健食品也多強調草本、漢方，與中國人的觀念接近，所以營養保健食品佔直銷產品的最大

宗。愛美是女人的天性，美容保養品一直是消費市場的一筆大生意，在直銷員當中，女性比例偏高的情況下，美容保養品排名第二就不足為奇了。衣著與飾品也是女性重視的產品，尤其是修飾身材的服飾更是熱門。家庭清潔用品的循環使用頻率高，大多是女性在使用，所以它的銷售量也是名列前茅。

　　企業想要在直銷市場謀求一席之地，先決條件是必須要有品質優良而且有特色的產品。因為直銷是一個講究口碑的市場，品質不夠優良口碑就打不出來，顧客買了一次不滿意，直銷員就再也賣不出去了。產品沒有特色，直銷員不知道如何向顧客解說，沒有話題就講不下去也賣不出去。對於一個中小企業，由於本身規模不大，不可能有太多樣化的產品，太冷門的產品也難在市場立足，所以最好是有上面提到的熱門產品之一較容易進入市場。其次，這項產品最好是要不斷消費的產品，換句話說，直銷員找到一個顧客之後，只要顧客使用滿意，就會定期購買繼續使用，這樣直銷員的業績才會持續不斷，增加他繼續尋找顧客的意願。直銷公司剛開始的時候，可以用單一產品或同一系列的產品來建立直銷網，讓直銷員比較容易對產品有深入的瞭解，介紹給顧客的時候才能夠掌握重點。公司要有堅強的研發團隊，能夠對產品不斷的研究改進，推陳出新，確保直銷員和顧客的信心。優質的產品是直銷企業成功的基本元素！

獎金制度要「公平」、「公開」、「公正」，「具有激勵的效果」

　　獎金制度是直銷的精華，但不一定要複雜的制度才會吸引直銷員加入。直銷獎金制度的基本精神是「公平」、「公開」、「公正」，「具有激勵的效果」。所謂公平是指一分耕耘一分收穫，

越努力的人獲得的也越多；公開是指獎金的計算方式很公開、透明，每一個直銷員事先就很清楚他的獎金將會如何計算，領到獎金的時候，明細也列得很清楚，不會引起爭議；「公正」是不會有所偏袒，因此原則上公司的股東、幹部不適合兼任直銷員，因為股東和幹部比一般直銷員更有機會接觸業務上的資訊，在下線的吸收或產品的銷售上更佔優勢，會使獎金制度失去公正性，增加直銷員的不滿；「具有激勵性」是獎金制度的訂定要讓直銷員感覺目標是可以達成的，獎金的金額、獎銜的高低和他付出的努力是相當的，這樣他才有積極努力的動機。

　　直銷的獎金制度其實含有利益共享的觀念，直銷公司把設置店面的固定開支、業務人員的固定薪資支出以及其他的通路費用省下來的錢，換成直銷獎金的方式，鼓勵直銷員努力經營直銷事業，公司將利潤與直銷員分享。直銷員銷售產品給顧客，並鼓勵顧客加入直銷，以享受會員價的優惠，將零售利潤與顧客分享。將來再輔導、培訓下線直銷員，協助下線直銷員推廣業績賺錢，也等於幫自己賺錢。這是一個我為人人，人人為我的互助模式！

正確的教育訓練可以提昇直銷員的素質

　　教育訓練是確保直銷事業能夠健全發展最重要的部份。由於直銷員和公司之間沒有僱傭關係，等於是公司的經銷商；但是直銷員在外面的作為，卻是打著公司的名號，銷售公司的產品，講解公司的制度；假如他的觀念、作法有所偏差，公司的聲譽會受到很大的影響。為了確保直銷員瞭解公司的產品、公司的制度、公司的文化，因此教育訓練就非常重要。目前很多直銷公司把他們的教育訓練重點放在潛能開發、士氣的激勵，其實是本末倒置。

直銷公司的教育訓練，第一項應該是公司的介紹和產品特性的講解，由於直銷員的加入沒有門檻，各種程度的人都可以加入直銷，因此如何針對不同程度、不同背景的人，讓他們充分瞭解公司理念與產品的特性，而且可以去說給別人聽，應該不是一件簡單的工作。第二項應該講解的是直銷的理念，很多人對直銷的理念認識不清，在急功近利之下，很容易就會走上以「短期致富」為訴求的說法，最後導致直銷市場「上下交征利」，弄得烏煙瘴氣，有識之士避之唯恐不及，則直銷就會趨於覆亡。第三項應該講解的是公司的獎勵制度，因為唯有對直銷有正確的理念之後，對於獎勵制度才能有清楚的瞭解。第四項應該講解的是政府的相關法令和強調直銷員自律的商德約法，每一個從事直銷的人都必須遵守政府的法令規定，並且遵循比一般人更嚴格的自律行為，以提高直銷的社會形象。這是初階直銷員加入直銷的時候應該接受的教育訓練。

到了中、高階直銷員的時候，還要設計不同的教育訓練課程，幫助中高階直銷員學習領導、統御、激勵以及組織、管理的方法和觀念，也讓他們對直銷有更多的瞭解，甚至讓他們在人格上、修養上、見聞上都能有所成長，達到終身學習的目標，使他們在賺了錢之後，言談、舉止也跟著提昇，成為直銷員的典範。

中小直銷企業在大陸直銷市場開放之後，雖然不像規模大的直銷公司可以有立竿見影的成長，但是只要掌握正確的方向，按部就班一步一步去做，以台灣的經驗，要花十年以上的時間才能達到相當的規模，大陸直銷企業學習台灣經驗的話，應該可以在更短的時間就看到可觀的成果。

台灣直銷產業歷年統計資料

	產值(億元)	獎金(億元)	獎金比例	參加人(萬人)	新加入(萬人)	訂貨人(萬人)	訂貨人比例	領獎金(萬人)	領獎人比例	營運家數
1992	229.72	100.01	43.54	94.7	NA	33.2	27.99	NA	NA	139
1993	291.75	136.8	46.89	128.1	NA	41.2	32.16	NA	NA	176
1994	394.06	183.79	46.64	161.9	NA	68	42	NA	NA	183
1995	448.45	207.22	46.21	198.6	88.1	90	45.32	58.7	29.56	210
1996	407.57	181.92	44.64	236.4	78.5	88.7	37.52	58	24.53	275
1997	380.79	172.38	45.27	272.4	79	87.3	32	58.2	21.37	240
1998	391.96	176.38	45	278.1	75.8	97.9	35.2	59	21.22	242
1999	357.34	160.2	44.83	281.1	80	107.2	38.14	64.6	22.98	209
2000	380.86	169.64	44.54	283.4	82.9	112.5	39.7	57.9	20.43	191
2001	385.73	168.5	43.68	313.6	76.9	111.1	35.43	57	18.18	215
2002	431.77	196.63	45.54	326.9	78.4	118.5	36.25	63.1	19.3	252
2003	519.91	236.99	45.58	381.8	86.1	126.7	32.67	66.8	17.23	264
2004	683.04	279.3	40.89	387.7	93	134.1	34.59	77.8	20.07	276

06　華人世界直銷通路的新變革

按照世界直銷聯盟 (WFDSA) 對直銷的定義，「凡透過銷售員或業務代表以「面對面」方式，不在公司固定的店面或營業地點，而是到消費者家裡、辦公場所、工廠、或消費者指定的地方，把消費性商品和勞務銷售給顧客的行銷方式稱為直銷」。在這個定義裡面，強調「面對面」與「不在固定地點」，在世界各地，直銷的運作模式都和這個定義不謀而合。1992 年台灣公平交易法公布，對「多層次直銷」有所規範，我也剛開始進行直銷的學術研究，那時候台灣的直銷或多層次直銷也是和世界各地的模式一樣運作。當時直銷業強調的產業特性有兩點，其一是「直銷靠直銷員與消費者面對面說明、溝通，以口碑來推廣產品，所以不需要媒體廣告」，其二是「直銷員會主動去尋找、接觸消費者，在不特定的場所推銷產品，所以不需要開設店面」。直銷業者並強調，因為省下了大量的廣告支出和店面租金等開銷，所以把這些省下來的經費化做獎金，與直銷員分享。那時候，直銷公司的產品說明會，都是租用大飯店的場地進行；我去拜訪的直銷公司，都是在辦公大樓裡面，只有總公司的辦公空間和倉庫而已。

隨著社會的進步和直銷業的發展，到了 1997 年左右，一些直銷公司的業績成長到相當的規模，直銷員遍布台灣各地，這時

候開始有產品配送的問題。一些規模較大的直銷公司會在幾個大都市設立發貨倉庫，以縮短產品配送的距離和時間；也提供直銷員到現場提貨，但是其布置就像一間倉庫，只有單純的提貨功能。到了1998年，開始有規模較大的直銷公司把總公司規模擴大，除了原有的辦公空間之外，還在旁邊另闢一處產品展示中心。直銷員可以帶消費者到產品展示中心來實地看產品，展示櫃旁邊還闢有解說區，擺了一些桌椅，直銷員可以和消費者坐下來談產品或獎金制度；消費者心動的話，可以當場簽約加入會員，並立刻購買產品。這樣的作法讓率先推行的直銷公司業績成長很快，顯然效果甚佳。在一陣觀望之後，許多較具規模的直銷公司也紛紛跟進，在總公司旁邊設置產品展示中心，同時開闢幾間會議室，供高階直銷員借用來做產品說明會。

不過開設產品展示中心，場地租金不便宜，再加上裝潢、水電、管理的人事費用，這些每個月的固定支出金額不小，因此只有規模較大、業績較好的公司負擔得起，大部分的直銷公司仍然維持原來的經營模式。因為產品展示中心的效果很好，那些大公司的直銷員開始提出在其他地區開設產品展示中心的要求；有些實力雄厚的直銷員甚至要求公司，由他們自己來設立地區的產品展示中心。但是這會造成開設產品展示中心的直銷員壟斷當地市場的局面，嚴重影響當地其他直銷員的競爭力，所以公司都沒有同意，只是增加了直銷公司在各大都市設立展示中心的壓力。大約1999年左右，各大直銷公司都開始在台灣各大都市設立分公司，同時附加產品展示中心和會員洽談區，不過這些分公司和產品展示中心都是設在各地的辦公大樓裡面，一般消費大眾不知道的人

還是不得其門而入。

在這些直銷公司通路變革中，美商雅芳公司是策略最大膽的公司，他們自1996年就與連鎖藥妝店「屈臣氏」「康是美」等簽約合作，把他們的美容保養品放到這些連鎖藥妝店的貨架上銷售，1998年甚至也放到連鎖大賣場「家樂福」的貨架上銷售。雅芳產品在傳統通路銷售，必定會影響雅芳小姐的業績，為了化解雅芳小姐的反彈，雅芳公司做了產品區隔，雅芳小姐銷售的產品線不在傳統通路銷售，傳統通路的產品線另用雅芳的副品牌。在多重通路建立「雅芳」的市場知名度，雅芳小姐推銷產品的時候可以更加順利，因此雅芳小姐也就沒有怨言。

除了增加傳統市場通路之外，雅芳公司還首開直銷業風氣之先，在各大都會區與區經理的直系親屬合作，開設特許展示中心，由區經理的親屬提供店面、管銷費用和經營管理，雅芳公司負責產品、貨架及帳務、後勤作業系統，展示中心提供訂貨、試用、付款、退換貨、定期美容課程等各種服務。這樣的模式辦得相當成功，加上雅芳公司自2004年改制為多層次直銷制度之後，業績一飛沖天，引來其他直銷公司的側目。美商亞洲美樂家公司從2005年開始，將原來在辦公大樓裡面的展示中心裁撤，另外尋找臨馬路的一樓店面開設展示中心，據說增加的來客數和業績相當可觀。

大陸自1998年將直銷全面禁止，另開了「店面＋推銷員」的特許經營模式之後，美商安利公司和雅芳公司都逐漸經營出不錯的業績，這當中一部分該歸功於大陸的人口眾多、消費力高，以及推銷員的努力；另一方面也與台灣直銷通路的變革相呼應，除

了直銷員面對面的推銷之外，開設產品展示中心證明對業績的成長有相當大的幫助。但是就如本文前面提到的，開設產品展示中心增加的費用相當龐大，對於資本小的直銷公司不易負擔。在直銷員人數和業績都還低的時候，展示中心出入的人潮和業績都很少，會處於虧本的狀態，需要一段較長的時間，才能看到業績成長的效果，若資本不夠雄厚，可能在轉虧為盈之前，本錢就虧光了！必須在直銷員人數和營業額達到某一水平之後，開設產品展示中心才能帶來立竿見影的效果。

　　開設店面或展示中心來輔助直銷業發展的作法，從大陸和台灣的成功經驗，證明華人的經營手法更靈活，帶來直銷通路的新變革，勢將領導世界直銷的潮流。根據 2005 年 10 月將在英國倫敦召開的第 12 屆世界直銷大會議程，有一個研討的主題即是「多重通路」的問題，顯見國際知名直銷公司在大陸、台灣採取多重通路成功的經驗，已經引起全世界直銷業的注意。

07 市場安定是大陸開放直銷市場的第一優先

2005年8月10日中國國務院常務會議通過「禁止直銷條例草案」、「直銷管理條例草案」，就有許多人對於通過的草案內容加以臆測、評論，眾說紛紜，很快的在9月2日這兩個條例的內容全文就正式公布了。目前直銷業界和準備進入直銷市場的企業也都在研究應該如何因應政府的新規定。

作者觀察、研究直銷多年，深知非法的直銷（老鼠會）在世界各地都曾經帶來很大的社會問題；同時也瞭解正派經營的直銷可以帶給消費者、直銷人員、直銷公司乃至國家經濟很多利益，應該擁有合法的經營環境，民眾應該理性的接納；因此對於政府將如何維持直銷市場秩序，抱著熱切的期盼，也希望大陸的直銷市場能夠健全發展。

「禁止直銷條例」本身就把「直銷」這個名詞定義為非法的行為，這和歐美的「金字塔銷售術」代表非法的拉人頭斂財一樣，屬於名詞定義的問題。雖然「金字塔式的銷售」能夠很傳神的表達多層次直銷的組織結構和發展，但是當歐美政府把「金字塔銷售術」定義為非法的直銷之後，大家就自然接受，而不再以「金字塔銷售術」來描述合法的多層次直銷。台灣把多層次直銷定義為合法的銷售行為，對於非法的多層次直銷則在前面冠以「非法」

兩字；作者本來也以為大陸會有類似的作法。現在既然大陸政府已經做了這樣的定義，我想將來「直銷」會被普遍接受為「非法」直銷的代名詞。

「禁止直銷條例」第二條定義「直銷」是指組織者或者經營者發展人員，通過對被發展人員，以其直接或者間接發展的人員數量，或者銷售業績為依據，計算和給付報酬（這一段所說的其實就是「團隊計酬」），或者要求被發展人員以交納一定費用為條件，取得加入資格等方式牟取非法利益，擾亂經濟秩序，影響社會穩定的行為。在這個定義中，前半段的敘述其實就是在描述多層次直銷的「團隊計酬」方式，後半段才是敘述其非法的原因。這和「直銷管理條例」第二十四條規定「直銷企業支付給直銷員的報酬，只能按照直銷員本人直接向消費者銷售產品的收入計算」合起來看，更充分顯示了多層次直銷的「團隊計酬」制度目前不在允許之列。這一條規定在直銷界造成很大的震撼，因為目前在世界各地的直銷市場，「團隊計酬」的多層次獎金制度是主流，大約有百分之八十以上的直銷公司採用，相信這些公司都要傷一陣子腦筋來決定如何因應。

我們再把眼光轉到直銷的發展歷史來看，1886年雅芳公司的前身在美國開始以單層直銷的方式銷售香水，展開了現代直銷的歷史。這樣的銷售方式當時有許多公司採用，但因為制度單純，不曾引起太多糾紛。直到1945年，紐崔萊公司發展出多層次直銷「團隊計酬」的獎金制度之後，帶來業績的蓬勃發展，多層次直銷蔚為風尚，很多公司模仿其制度來銷售產品，也都有很好的業績。但是卻因為這套制度的威力強大，引起不法之徒的覬覦，

利用這樣的獎金制度來行獵人頭斂財的勾當，終於帶來社會的風暴，引來政府的出面取締；多層次直銷成為過街老鼠，人人聞之色變。後來因為政府的強力取締，再加上正派經營的多層次直銷公司潔身自愛，努力教導社會大眾分辨正派與非法的直消手法；經過很長的時間，正派經營的多層次直銷才再取得合法經營的地位。類似的經驗在世界各地都同樣發生，台灣自1980年代初期受非法多層次直銷的肆虐，直到1992年公布公平交易法，對多層次直銷加以規範之後，直銷才取得合法經營的地位。即使如此，非法的多層次直銷仍時常出現，幸好因為政府嚴加取締，正派業者共同維護市場秩序，學術界加緊研究多層次直銷，讓大家對直銷和多層次直銷有更正確的認識。經過十三年的努力，直到最近，台灣的直銷市場才漸漸上軌道，多層次直銷也越發興盛，連一向採用單層直銷的雅芳公司，也在最近因改採團隊計酬的多層次直銷制度而業績快速上升。

　　直銷在1990年代進入大陸之後，正派經營的多層次直銷跟著進來；遺憾的是少數非法的多層次直銷也蒙混進來，在大陸各地製造很多糾紛和社會風波。政府曾經制訂法規來規範多層次直銷事業，並取締非法的多層次直銷；但是一方面因為人民急於改善家庭經濟狀況，對於正派與非法的多層次直銷分辨不清，或存著僥幸的心理，使非法的多層次直銷有可趁之機；另一方面政府的執法單位對於正派與非法多層次直銷的界定還很模糊，使得取締成效不佳，導致1998年的全面禁止。

　　2004年底政府因為加入WTO的承諾，要制訂直銷管理相關法規，重新開放直銷市場，固然讓直銷界充滿期待，但個人一直

覺得「徒法不足以自行」。在政府執法人員對非法多層次直銷分辨與取締能力尚未提升，社會大眾對短期致富尚存幻想的時候，貿然全面開放直銷是一件十分冒險的嘗試；萬一市場還是一樣混亂，帶來太多社會問題，導致再次關閉直銷市場的話，那要等到何時才能重新開放直銷市場，將是遙不可及的事。現在看到政府開放直銷市場的政策是允許單層次的直銷制度，但是禁止多層次直銷，一方面固然為正派經營的多層次直銷事業必須放棄極有威力的團隊計酬，調整經營策略而惋惜；另一方面卻為政府的睿智大加讚賞。誠如前面所分析的，單層次直銷當初在美國推出將近六十年，很少出現糾紛，是因為其運作模式單純較易掌控，也較沒有讓不法之徒操作的空間，是一個比較安全的銷售模式。政府現階段允許單層次直銷，禁止多層次直銷，可以讓直銷市場安定下來，也滿足對加入 WTO 的承諾。

　　利用一段時間讓社會大眾熟習直銷的精神和運作模式，鼓勵學術界積極進行單層次直銷和多層次直銷的研究；政府相關官員也多學習、考察世界各國實行多層次直銷的市場運作與執法經驗。等到全國上下對多層次直銷有深入的瞭解，能夠分辨正派與非法多層次直銷的區別，那時候就可以將「直銷管理條例」的內容加以修改，增加允許團隊計酬的多層次獎金制度，讓國內的直銷市場邁入更強而有力的「多層次直銷」，以順應世界潮流；也讓直銷市場更加蓬勃發展，直銷人員有能力創造更好的業績，改善自己的經濟狀況，同時增加直銷公司的營業額，也帶給政府更多的稅收。

08 打擊非法直銷要產官學通力合作

　　大陸政府為了穩定直銷市場的正常運作，減少執法的困難，公佈「直銷管理條例」和「禁止直銷條例」。禁止有「團隊計酬」的多層次直銷，只允許單層的直銷，同時將直銷員的獎金上限訂為直接銷售給消費者產品售價的 30％，可說將直銷的運作界定在非常單純的範圍，直銷公司和直銷員之間只有代理零售產品的關係，沒有介紹費用也沒有推薦獎金，在經營上沒有太多灰色地帶，管理起來比較容易。但是非法直銷不可能因此絕跡，因為非法直銷公司仍會瞄準人們急於改善經濟環境的心態，展開地下活動，以短期致富為號召，到處鼓吹吸引消費者加入，以獵人頭的手法，到處騙錢斂財。

　　政府明文禁止多層次直銷，理論上合法的直銷和非法的多層次直銷應該很容易分辨，民眾只要聽到「團隊計酬」，就知道是不合法的；但是「利之所趨」，況且又不是殺人取財十惡不赦的罪行，只是介紹人來加入，就可以領取獎金，雖然政府禁止，很多人會以「惡小而為之，不會有太大影響」的心態原諒自己，所以非法直銷不會一下子就完全消失。在這種相對單純的環境下，政府執法單位正好可以學習取締非法直銷的方法，維持直銷市場秩序。台灣自 1992 年將多層次直銷列入法律規範以來，13 年間

對多層次直銷市場秩序的維護,有很多可供大陸參考的地方,特別分析討論如下。

一、政府主管機關的作為

　　台灣在1992年公布「公平交易法」的時候,同時對多層次直銷訂定管理辦法,等於允許多層次直銷可以合法經營。那時候非法多層次直銷在市面上仍十分猖獗,由於合法直銷與非法直銷並存,兩者如何分辨並不容易,更增加取締的困難。那時候第一個直銷的學術團體「直銷市場發展學會」也在1992年底籌備,1993年正式成立,馬上承接公平交易委員會的委託計畫,尋找適當的播音員和編劇,以廣播劇的方式,製作「如何分辨合法與非法多層次直銷」的錄音帶,供各廣播電台播放,進行社會教育的工作。

　　公平交易委員會為了宣導公平交易法和多層次直銷管理辦法,自1998年起每年舉辦6期「公平交易法研習班」,每期60個人,上課六週,每週上課二次,每次三小時,由公平交易委員會的委員或主管官員授課。為了瞭解政府政策與執法的態度,直銷業的高階主管很多都報名參加。公平會藉此機會和業者、學員交流,一方面講解政府法規,另一方面也聽聽業者的看法,達到教學相長的效果,也建立與業者的交情。在取締非法直銷的時候,執法官員能有更多實務上的瞭解,也獲得更多合法業者的協助。

　　除了舉辦「公平交易法研習班」之外,公平交易委員會主管多層次直銷的官員每隔幾年就會辦一次政策說明會,邀請直銷公司的高階主管參加,每次上百人,一方面說明執法的尺度和作法,另一方面也鼓勵參加的業者踴躍發言,有些業者提出質疑,有些業者提出抱怨,在充分溝通交流的情況下,彼此對對方的立場與

與作法有更多的理解，在管理市場秩序的時候，減少許多誤解和衝突。

公平交易委員會同時兼具調查和審判的功能，對於有違法疑慮的業者，公平會主管官員可以進行調查蒐證的工作，不過因為人力有限，通常會請地方警察機關、調查單位協助、支援；對於違法事實蒐證齊全者，將案子提到公平交易委員會，由委員會議審判裁決，視情節輕重處以罰鍰、解散、停止營業或勒令歇業的處分。

二、直銷協會扮演的角色

「直銷協會」為正派經營的直銷公司所組成的產業協會，為提昇直銷的形象，配合世界直銷聯盟，積極推動「直銷員德約法」；直銷員德約法要求直銷公司和直銷員對於消費者要真誠相待，不提供誇大不實的說詞，有關消費者的權益要清楚交代；直銷公司與直銷公司之間不能有惡意詆毀，做不實的比較，或有計畫的去挖角對方的直銷員。其目的就是要業者共同維護直銷市場的秩序，建立直銷正派經營的形象，讓非法直銷沒有立足之地。直銷協會對於會員入會的審核很嚴，導致台灣286家向公平會報備，有在營運的直銷公司當中，只有35家為其會員；最近有感於增加會員公司家數，可以集合更大的力量來維護直銷市場的秩序，因此積極招收正派經營的公司加入為會員。

直銷協會扮演業界代表的角色，和公平交易委員會、衛生署、賦稅屬等單位溝通協調直銷業和直銷員的相關事宜，也積極配合宣傳合法與非法直銷的區別；協會幹部曾經配合學校教授，輪流到各大專院校舉辦座談會，與學生討論直銷。也積極贊助學術界

進行直銷的學術研究，1990年代初期學術界還沒有人從事直銷的學術研究，直銷協會每年委託一位大學教授進行一件直銷學術研究，直到1998年直銷學術研發中心成立，每年舉辦直銷學術研討會，直銷協會轉而全力贊助直銷學術研發中心的活動。最近更與電子媒體和平面媒體合作，進行商德約法和直銷正派經營的宣傳行動。

三、學術界的客觀研究

1998年中山大學直銷學術研發中心正式成立，推動學術界對直銷的學術研究。在直銷學術研發中心的積極推動之下，大專院校的教授漸漸有人願意以客觀嚴謹的態度來研究直銷，在每年舉辦的直銷學術研討會上發表論文。直銷學術研發中心獲得公平交易委員會和直銷協會的重視，公平交易委員會將有關直銷管理條例的研究計畫委託直銷學術研發中心來進行，直銷協會每年捐款贊助直銷學術研發中心，各重要直銷公司也熱心贊助支持。自1998年舉辦第三屆直銷學術研討會起，每年的研討會開幕典禮，中山大學校長一定親自主持，公平交易委員會的主任委員也會到場致詞，表達對學術界從事直銷學術研究的重視和肯定。直銷協會也聘請直銷學術研發中心主任擔任「商德約法督導人」，協助推行直銷產業自律。

大陸直銷市場即將進入法治的時代，我們希望台灣過去維護直銷市場秩序的經驗，能夠提供大陸政府和人民作為借鏡，政府主管機關、直銷產業和學術界，產官學三方面通力合作，教育大陸民眾、直銷員，讓大陸的直銷市場迅速上軌道，非法直銷失去立足的空間，則大陸政府主管機關很快就能掌握維護與管理直銷

市場，取締非法直銷的訣竅，對於直銷的管理更有信心。等到政府主管機關對直銷市場的管理有信心，瞭解非法直銷的運作，直銷市場也上軌道了，則開放合法的多層次直銷也就指日可待了。

09 世界直銷聯盟第十二屆世界大會參加心得—行銷通路的整合

世界直銷聯盟三年一度的世界直銷大會 (World Congress) 今 2005 年十月 19-21 日在英國倫敦舉行第十二屆大會,有超過 600 位來自世界各地的直銷業代表與會。今年由美商如新公司總裁兼執行長楚門 杭特 (Truman Hunt) 先生繼前美商安麗公司母公司亞第可 (Alticor) 公司總裁迪克 狄維士 (Dick DeVos) 先生之後,接任世界直銷聯盟主席的職位;而狄維士先生將轉換他的人生跑道,競選美國密西根州的州長。今年大會的主要演講貴賓是前蘇聯總統戈巴契夫先生,他的演講內容是談世界政經局勢的變化,和直銷的關連性不高。其他演講有些是行禮如儀,官樣性質的報告,或世界直銷現況的研究、調查統計報告,在現場無法立刻記錄,大會也沒有準備書面資料,等將來世界直銷聯盟網站公布了,可以拿到更完整更正確的資料。

倒是有兩場報告其間顯示的訊息值得提出來分析討論,其一是美商雅芳公司總裁鍾彬嫻 (Andrea Jung) 小姐所談本次大會的主題「建構世界的橋樑 (Bridging the World)」,鍾彬嫻小姐是華裔的美國人,她以雅芳公司為例子,說明直銷公司的運作策略,可以深入瞭解消費者的需求,提供優質的產品,也可以改善許多人的生活,達到公司、直銷員、消費者三方通贏的成果。有些直銷

公司認為她的演講有太多為雅芳公司宣傳的味道,不過從學者的角度,卻覺得鍾彬嫻小姐不藏私,願意把雅芳公司的成功經驗和作法毫不保留的拿出來與同業分享,在直銷業界自我保護,資訊相對封閉的環境中,實屬難能可貴,更讓同樣身為華人的我們感到驕傲。

　　三年前在加拿大多倫多舉行的第十一屆世界直銷大會中,筆者有幸親臨現場,聽到鍾彬嫻小姐發表的專題演講,談到雅芳公司的經營策略,最深刻的印象是雅芳公司的經營策略非常靈活,很多作法都是開直銷業風氣之先。她那時候剛接任雅芳公司執行長三年,在她的領導下,雅芳公司率直銷業風氣之先,開始多重通路的經營策略,除了傳統的單層直銷雅芳小姐之外,雅芳公司還在連鎖美妝店銷售雅芳產品,在百貨公司設雅芳專櫃,甚至還在各地開雅芳專賣店。不過多重通路的作法,勢必會影響原來雅芳小姐的業績,因為很多潛在顧客可以在一般零售通路買到雅芳公司產品的話,就不會向雅芳小姐購買了。

　　通路衝突的問題相當棘手,雅芳公司高層探討的結果,得到一個結論:公司在一般傳統通路銷售產品,可以建立消費者的品牌印象,當雅芳小姐去向消費者推薦雅芳公司產品的時候,消費者由於有品牌印象,比較容易接受雅芳的產品;但是若和一般傳統通路的雅芳產品完全一樣,價格也一樣,消費者也許當面會向雅芳小姐購買,但是下次她到傳統通路商店的時候,可能會順便購買雅芳公司的產品,就會減少向雅芳小姐購買的機會,還是會影響雅芳小姐的業績。因此雅芳公司採取產品差異化的策略,雅芳小姐銷售的產品型號、特色和一般店面通路的雅芳產品不一

樣，消費者要買雅芳小姐銷售的產品型號和特色只能向雅芳小姐購買，其他地方買不到；一般店面通路賣的雅芳產品型號和特色，雅芳小姐也不賣。藉著多重通路銷售，產品品牌形象可以提昇，加上產品差異化的策略，才平息雅芳小姐的反彈。雅芳公司後來又開創一個副品牌「Up2U」專供一般店面通路開架式的銷售，成功的建立多重通路的行銷策略，把一家歷史最攸久的直銷公司，推進一般傳統通路的領域，完成行銷通路的整合。我們可以說兩屆世界直銷大會的專題演講，串連了直銷業通路整合的軌跡，相信其成功經驗的影響，將會帶動更多直銷公司走上行銷通路整合之路。

另一場報告是在執行長論壇上，世界知名的連鎖店通路「美體小舖 (Body Shop) 執行長彼得 桑德斯 (Peter Saunders) 先生所做的報告。他說美體小舖已經設立直銷的部門,採用家庭聚會 (Home Party) 直銷的方式，推薦銷售他們公司的身體清潔保養品，去年直銷的營業額成長了31%，達到四千七百萬英鎊。他推崇直銷的行銷通路，一方面不需太大的投資，因為直銷員都不是公司的員工，公司不用負擔他們的薪資、保險和退休金等鉅額的人事成本；另一方面直銷是一種主動出擊的銷售方式，由直銷員主動去尋找客戶推銷產品，不需花費很多廣告促銷的費用，來吸引顧客上門。從他的報告我們又發現，連世界知名的傳統連鎖通路，都開始考慮引用直銷的方式，做為他們的另一種銷售管道，這種現象更加強化了行銷通路整合的趨勢。

桑德斯先生提到，由於美體小舖已經建立了相當的品牌知名度，他們的直銷員在推薦公司產品的時候，比較容易得到消費者

的認同，因此做起來比較不困難。但是他們也碰到和雅芳公司採取多重通路時一樣的問題：直銷員最後會和他們的連鎖通路產生競爭的後果；到底應該多關心連鎖通路，還是給直銷員更多競爭的優勢，很難兩邊討好。我認為將來可能還是要採取產品差異化的方式來區隔市場。

　　從直銷公司跨足一般傳統通路，建立品牌知名度，增加銷售業績，以致傳統通路知名的品牌也採用直銷方式來擴充其行銷通路，我們可以看出直銷和傳統通路正各自朝著對方的地盤發展開來；短期之內也許不會有很大的變化，但是隨著成功的案例增加，必定會有更多公司朝著通路整合的方向去思考。通路整合可以帶給公司業績成長，獲利增加的好處；但是通路成員，直銷員和連鎖店店主的業績與獲利是否也會跟著欣欣向榮，還是會互相競爭，產生衝突，是公司高層主管應慎重思考的因素。通路衝突的解決，需要靠公司經營階層的智慧，公司對通路商的體貼和關心的善意，更是解決通路衝突的最根本之道。

10 直銷市場的健全發展要靠大學開設直銷課程

第十屆直銷學術研討會已經順利的於 11 月 25、26 日在上海同濟大學舉辦完成。同濟大學有許多同學參加研討會，本來以為第二天星期六，同學們都不會來了，結果有許多同學不僅兩天全程參與，提出許多頗有見地的問題，第二天研討會結束之後，還頻頻趨前來討論直銷的研究問題；這讓我看到了大陸直銷市場發展應該走的方向。

直銷因為早期非法直銷的影響，學術界大多數人仍對其抱著排斥的態度，在全世界直銷都不是主流的學術研究領域，在大學課堂裡面，絕少被提起討論。行銷管理的教科書裡面有提到直銷的，也只有一小段敘述而已；主要原因是作者對直銷沒有接觸，也不甚了解，所以著墨不多；學術界願意投入直銷學術研究的教授更是鳳毛麟角。在這樣的環境之下，一般人對直銷的瞭解都來自直銷公司的說明，或直銷員的講解。由於立場的因素，直銷公司或直銷員一定挑好的、有利的觀點來宣傳直銷，消費者難窺其全貌；碰到心懷不軌的直銷人員，更容易被引入歧途。而新聞媒體通常只有在直銷出了亂子的時候，才會大肆報導，更加深大家對直銷的負面印象。

事實上，直銷就像一個核子原素，若作為和平用途，用來做

核能發電，可以提供乾淨廉價的能源，帶來經濟的繁榮、造福人群。但是若落到恐怖份子手中，可能被用來製造核子武器，對世界和平帶來很大的威脅。核子原素本身沒有好壞、對錯，是擁有者的動機、心態造成其對人類不同的影響。因此我們在大學裡面設有核能工程學系、研究所，集合優秀的人才來研究核能的各種特性，盡量發揮核能的和平用途，避免核能意外事件的發生。

　　同樣的，我們不能因為早期非法直銷帶來的弊端，就將直銷視為洪水猛獸，避之唯恐不及；應該像研究核能一樣，在大專院校或研究機構，投入優秀的人才，以科學、客觀、嚴謹的方法去研究直銷的各種面向和特性；開設直銷的課程，讓教授、學生在課堂上研究、討論，建立對直銷的正確認知。大學教授是知識的研究者，一個正直、專業的教授，會以客觀、嚴謹的態度去研究學問，若他們能以相同的治學態度來研究直銷，就能將直銷的各個面向研究清楚；由他們向社會大眾講解說明，不但客觀公正，而且他們條理井然的表達能力，也有助於讓社會大眾明白。

　　大學生是學習能力最強，也是學習興趣最高的一群人，但是因為涉世未深，容易為有心人士所矇騙，這也是一些非法直銷公司會找上大學生的原因。若能在大專院校，甚至研究所開設直銷管理的課程，讓學生們可以在課堂上傾聽教授們對直銷的分析、講解，再進行直銷個案的研討，可以讓學生們對直銷有更清楚的認識，更正確的觀念。這些學生對他們的親朋好友說明直銷的原理、運作模式，會比較客觀，也可以講得比較完整，有助於民眾對直銷的正確認識。

　　不過大學教授要研究直銷或上課討論直銷，必須要有直銷的

材料才行，台灣中山大學直銷學術研發中心主辦的直銷學術研討會已經舉辦十屆，累積發表的研究論文已有98篇，另有收錄沒有發表的論文11篇，這些論文可以做為大陸教授講授直銷課程的參考教材，也是教授們進行直銷學術研究的最佳參考文獻。從這裡起步之後，接下來教授們可以和直銷公司聯繫，邀請直銷公司的高階主管到課堂上來做專題演講，報告公司的經營管理實務和理念，並接受教授和學生的詢問、討論。透過理論和實務的交流，教授和學生對於直銷的經營管理會有較深入的瞭解，直銷公司高階主管也可以從教授和學生的提問之中，得到很多啟發，對於直銷的經營管理會有相當的幫助。以在台灣的經驗，直銷公司的高階主管都很樂於應邀到大學去做實務的演講。

　　台灣自1992年公布公平交易法和多層次直銷管理辦法之後，學術界對直銷的研究興趣並沒有被激發起來；在這12年多以來，經過筆者的努力推動，排除學校教授們的冷嘲熱諷，每一年舉辦直銷學術研討會；從早期自己去搜尋可以發表的學術論文，邀請作者來發表，到後來以公開徵求論文的方式，邀請大學教授、研究生來投稿，投稿的篇數逐年增加，顯示投入直銷學術研究的教授、研究生人數逐漸增多。今年12月終於成立「中華直銷管理學會」，由學校教授、研究生、直銷公司、直銷員共同組成，以推動直銷學術研究，提升直銷經營水準、社會形象為宗旨，顯見學術界、直銷界都感覺到推動直銷學術研究的重要性。台灣自立法規範直銷之後，花了將近13年的時間才讓直銷的學術研究風氣盛行起來，直銷市場秩序日趨穩定，直銷業績突飛猛進。這些經驗可以供大陸政府、學術界、直銷業界參考，若能學習台灣經

驗，努力推動，相信不用一半的時間，大陸的直銷學術研究風氣、直銷市場秩序也能像台灣一樣穩定發展。在這 2006 年的開頭，謹以此文和大陸的政府官員、學術界、直銷界共勉之。

11 大陸對直銷市場的規範帶來直銷通路的變革

大陸政府因為直銷市場的亂象已到了失控的地步，因此在1998年四月採取一刀切的方式，全面禁止直銷；同年11月開放10家直銷公司採取特許的營業方式來經營直銷。特許營業的直銷公司必須在各地開設店面，讓直銷員在店裡面進行銷售與推薦的行為，開啟了直銷在大陸營運的新模式。剛開始的時候大家都不太習慣，因為這種開店來進行直銷的方式和世界各地的直銷模式完全不同，但為了遵守政府的法令規定，得到特許營業執照的這10家公司還是勉為其難的去執行。大家都在摸索當中學習，過了一段時間業績才慢慢的逐漸上來；以安利公司為例，其全大陸地區的營業額，在2004年一年就達到170億元人民幣的水準，創其全球單一地區的最高紀錄。不過因為政府規定必須在各地開店，而開店的成本很高，所以利潤減少許多。進入21世紀之後，世界知名的直銷公司紛紛進軍大陸市場，那些後來進入大陸的直銷公司，當然無法取得直銷的特許經營執照，所以他們就不強調直銷，改申請以傳統零售方式來銷售產品，一方面等候直銷法令的公布。

在大陸關閉直銷市場之後，世界各大直銷公司還會想要進軍大陸市場，其著眼點是大陸改革開放20多年之後，所逐漸累積

市場消費能力。這個消費市場的潛力正隨著大陸經濟建設的全面起飛，以領先全球的速度快速增加。各大直銷公司都期待大陸直銷市場終將開放，為了搶佔市場先機必須先來佈局。雖然他們都以傳統零售的名義申請進入市場，也都在重要城市開設店面，但是深入去瞭解的話，還是可以發現公司員工仍然會鼓勵顧客去邀約朋友到店裡面來參觀、選購產品，給予介紹的人佣金或折扣的優惠，甚至在公司內部登錄其為直銷員。換句話說，雖然沒有申請特許經營的直銷執照，但是私下還是有以直銷的模式在推廣。也可以說，直銷公司到大陸之後，都入境隨俗採取以開店的方式來經營直銷，直銷員不強調到非特定地點去介紹產品或事業機會給潛在的客戶，改為帶他們到店裡面參觀，再介紹產品或事業機會給他們。

　　也許是因為大陸特許經營的直銷模式帶給直銷公司的靈感，在台灣有幾家規模較大的直銷公司也在1999年左右開始有了在重要城市開設展示中心的構想。他們先把原來的辦公室面積擴大，再隔出一大半的空間，布置成產品展示中心，裡面還有一個區域放置一些桌椅，供直銷員和顧客說明討論。這樣的擴充光是場地每個月的租金、水電費和裝潢布置的費用，以及聘專人來管理的薪資就是一筆很大的成本，所以開始的時候都是抱著嘗試的心態去經營。經過一兩年之後，他們發現設置展示中心帶來業績的成長遠遠超過他們投入的成本，這樣的效果迅速在直銷業界傳開來，一些規模較大的直銷公司紛紛起而效尤，遂造就了華人直銷市場的特殊經營模式。

　　2005年大陸的「直銷管理條例」和「禁止直銷條例」將直銷

市場重新開放，但也重新界定了直銷市場的遊戲規則。首先是將「團隊計酬」的多層次直銷獎金制度明文禁止，讓以多層次直銷為主的直銷業跌破眼鏡，大家必須在營運制度上做很大的調整。是否能夠調整成功，大家都沒有把握，因為對所有直銷業者來說，他們一直都是以多層次直銷的方式在經營，不論是經營理念、管理制度、教育訓練制度都已經行之多年；單層直銷的經營方式和多層直銷有很大的不同，這樣的改變都是他們生平頭一遭碰到的事。

其次是將獎金發放的上限訂為售價的百分之三十，對多層直銷是太少了，但對於單層直銷而言也許還不太壞。但少了團隊互相扶持的力量，有多少直銷員靠單兵作戰能夠存活下來，是另一個未知數。因為在沒有團隊計酬的獎金制度之下，就沒有上線輔導下線的機制或動機了；每一個直銷員要自己去開發市場，自己去推銷產品，碰到挫折的時候沒有人來安慰、鼓勵，碰到問題的時候沒有人來協助解決，若沒有過人的毅力和膽識，可能做不了幾個月就放棄了。直銷業者必須正視此一問題，研擬出一套取代上線輔導下線的機制，讓直銷員遇到挫折的時候有人可以投靠，尋求安慰；碰到問題的時候有人可以諮詢，甚至幫忙解決。

「直銷管理條例」裡面開放直銷員可以到不特定的地點去向消費者推銷產品，恢復了直銷的精神，解除了直銷公司必須在各地開設店面的要求，省了直銷公司開店的成本，但是直銷公司是否因此不會在各地開設店鋪，也還是一個未知數。大陸幅員廣大，若要在各地開店的話，其店鋪數量將十分驚人，乘上每間店鋪的開店成本之後，會是一筆十分龐大的投資，只有財力雄厚的直銷

公司才負擔得起。這也是為何財力雄厚的雅芳公司也要以加盟為主，直營為輔的方式開店，才能在全大陸開了六千多家店的原因。

　　1998年大陸特許營業的直銷規範，造成直銷公司開店經營的創新模式，也激發台灣直銷業的通路變革；2005年九月公布的「直銷管理條例」和「禁止直銷條例」將再一次考驗直銷業者的應變能力，符合申請資格的直銷公司或準備進入直銷市場的公司，都紛紛提出申請，預計今年三月第一批核准的執照才會下來。獲得第一批執照的公司將率先展示他們在法令規範之下應變的策略，是福是禍尚難下定論，因為那是一個全新的挑戰。倒是那些還不符合申請資格，或是沒有拿到執照的公司該如何經營下去，是更值得關心的問題。如果這些公司走入地下，非法經營直銷，將使直銷市場更加混亂，讓消費者失去對直銷重新燃起的希望，也會使政府更疲於奔命，到處取締非法直銷，這不是正派直銷公司所樂見的。

　　筆者建議這些沒有拿到直銷執照的公司，先採用連鎖加盟的方式，在各地開店，以優質的產品吸引消費者的喜好和信心，建立品牌知名度。等到直銷市場上軌道，政府對直銷市場的管理有充分信心的時候，應該會漸漸開放團隊計酬的多層次直銷制度，那時公司的經營資歷和財力可以符合政府的要求，申請執照獲准的機會增高，在品牌知名度已經建立的情況下，推動直銷的經營模式將有如虎添翼的效果。而且可以跳過禁止團隊計酬的這段時間，必須摸索改變直銷制度以符合政府規定的過渡時期，也算是省下麻煩的另一種收穫。

12 禁止團隊計酬對直銷業的衝擊

　　直銷的「團隊計酬」多層次獎金制度自1945年美國紐崔萊公司推出以來，取代了雅芳公司的單層獎金制度，成為直銷的主流。這60年來全球直銷界大部分的公司都依循多層次獎金計酬的方式，發展出一套經營模式和企業文化，也讓直銷有別於一般聘請推銷員來推銷產品的銷售公司。這次中國政府頒佈的「禁止直銷條例」明文禁止「團隊計酬」的多層次獎金制度，在全世界的直銷業掀起了一片驚愕之聲，世界直銷聯盟透過各種管道，希望能讓中國政府收回成命，但是短期之內應該是不可能的事。雖然幾乎所有在大陸營運的直銷公司都宣稱會遵守政府的法令規定，但其面對獎金制度修改和營運模式調整所需進行的工程之浩大非局外人所能理解，本文將對此加以分析討論。

　　「團隊計酬」的獎金制度讓一個直銷人員可以從他所吸收、培養的下線組織成員的業績當中分享到他應得的獎金，這個制度給了他兩個非常重要的行為動機，第一，他除了銷售產品之外，還願意花時間、精力去吸收下線直銷人員，因為下線直銷人員可以幫他創造更高的業績，讓他可以領到更多的獎金；第二，他願意花相當多的時間來輔導、教育他的下線直銷人員。這兩個動機創造了直銷的特殊文化：「直銷人員不再單打獨鬥，有團隊當後

盾」。推銷是一件辛苦的工作，光是找尋潛在客戶就是一件非常花時間的工作，而去拜訪潛在客戶推銷產品的時候，隨時要擔心被拒絕，不論是一開始就拒絕見面，或是見面談了一陣子之後被拒絕，都是很難受的事情，任何人被拒絕的時候都會有很深的挫折感，許多推銷員都是因為受不了被拒絕的挫折感而離職的。但有了團隊計酬的獎金制度之後，就有了上下線直銷人員的關係；下線直銷人員因挫折而離開，對上線直銷人員來說是一種損失，所以上線直銷人員為了避免下線流失，就會想辦法來幫助、輔導下線，直銷 ABC 法則就是在這種獎金制度之下產生的。下線直銷員（扮演 B 橋樑的角色）要去推銷產品給潛在客戶（即為 C 客戶），但經驗還不豐富，心理還很脆弱的時候，上線直銷員會扮演 A 顧問的角色，陪下線直銷員一起到客戶那裡，一起推銷產品或事業機會。有經驗豐富的上線直銷員在旁邊助陣，下線直銷員的膽子會大一點，剛開始可能先觀摩上線直銷員如何和客戶交談，介紹產品，從中學習，等到見習幾次稍有心得之後，就可以由下線直銷員試著主講，有問題的時候上線直銷員在旁邊立刻提供協助，成功的機會就大了許多。即使遇到挫折，有上線直銷員的分析和鼓勵，下線直銷員重振士氣的時間也會縮短許多。

　　直銷員團隊或體系的建立在直銷界是非常普遍的現象，上線直銷員會去建立、經營下線團隊，也是在「團隊計酬」獎金制度的誘因之下產生的，一個直銷員假如要吸收、經營好幾代的下線直銷員，變成一個團隊或體系，他花在輔導、激勵團隊成員的時間一定遠遠超過他個人去銷售的時間，而他因此所能獲得的各種獎金收入更遠超過他獨自銷售所能獲得的獎金。因此建立團隊，

經營下線是一個高階直銷員的主要任務，激勵表揚大會大部分也是由團隊領袖來主辦，只有少數大型的表揚大會才由直銷公司出面主辦。整個直銷教育訓練的構想和制度也都是以上線直銷員如何吸收、輔導、帶領下線直銷員，下線直銷員如何學習、複製上線直銷員的作法為出發點，這已經是直銷業的特色。

直銷公司的管理制度當中，特別強調對高階直銷員的聯繫、溝通，強化高階直銷員對公司的向心力，因為公司只要掌握高階直銷員的向心力，他們自然會努力去招募、輔導、訓練新的直銷員，為自己的團隊帶來高成長的業績，也為自己賺到豐厚的獎金，更為公司帶來不斷成長的營業額，而公司也因此省下龐大的管理與教育訓練的費用。這是我們可以看到有些直銷公司雖只有幾十位員工，卻能夠擁有幾萬名直銷員，一年創造數十億台幣業績的原因，這在傳統零售業是絕對無法做到的。

但是一旦「團隊計酬」的獎金制度取消之後，還有沒有上下線直銷員的關係呢？依照「直銷管理條例」只有公司的員工可以招募直銷員，因此直銷員不可以吸收下線直銷員，只能夠憑自己銷售的業績來領獎金。在法律上不可以有所謂的下線直銷員，在獎金制度上沒有團隊計酬，直銷員當然也就沒有經濟誘因去協助、輔導其他的直銷員了。既然沒有上下線的直銷員關係，也沒有獎金分享的機制，本來存在的團隊或系統應該何去何從？我想這是直銷公司和這些團隊或系統領導人必須好好思考的問題。換句話說，以往直銷公司所建立的企業文化和營運模式，在「禁止直銷條例」和「直銷管理條例」的規定之下，完全瓦解，必須重新再建立一套新的營運模式並發展出新的企業文化。

沒有團隊或系統領導人自動自發的去吸收、輔導、培訓直銷員，這些工作就必須由公司員工自己來做，假如公司要維持以往的規模，勢必要增聘許多員工來做以往高階直銷員在做的事情，這就會增加公司的營運成本。不過因為不需要發出龐大的團隊獎金，只需要最高發出零售價格 30% 的零售利潤給直銷員，在獎金支出上節省了不少錢。營運成本增加，獎金支出減少，一來一往之間到底是多賺還是多賠，可能要過一段時間才能看得出來。不過營運成本增加是固定的開支，獎金支出的減少還要看業績的高低才能算得出來；就理論來說，應該是多賠的機會較高，因為獎金支出是業績越高，獎金支出也越高，業績低則獎金支出也低。公司賺得多，多付一點獎金也不心疼，但是多聘員工，不論業績高低，都要多付很多固定的人事費用，所以多賠的機會應該比較高。

　　中國被全世界的直銷公司視為最大的直銷市場，大家都摩拳擦掌準備大舉進入，搶佔市場先機，但是新公布的中國直銷法令所帶來的各種限制和改變，對於這個市場的發展會帶來什麼樣的影響尚未可知，因此讓很多公司緊急煞車。那些已經在國內營運的直銷公司，一方面加緊申請直銷的營業執照，另一方面都在修改他們的獎金制度和營運模式，他們會如何做，會不會成功，都是直銷業自 1945 年以來最大的挑戰，我們都會密切的注意觀察！

13 直銷制度的演變

直銷是人類除了「以物易物」的交易行為之外，最早的商業模式，農夫將他種植的蔬果作物趕集一般的，拿到市場去賣，打魚的人把他捕獲的魚蝦海產拿去市集賣，打獵的人將他捕到的兔子、野鴨拿去市集賣；也有的人直接拿到附近的住戶家去銷售；這種由生產者、製造者直接把產品賣給消費者的銷售行為就是直銷的原始定義。隨著文明的演進，生活方式的多樣化與複雜化，分工合作成為提昇效率的生活、工作模式，社會上就有「商人」從事「搬有運無」的工作，他們到產地蒐購特定的產品，再運到需要這些產品的地方或人家去銷售，賺取差價，扮演通路商的角色。在農業社會時代，「商人」蒐購產品的對象大多是農夫、獵人或其他製作特殊產品的個人，商人熟悉市場的供需狀況，議價的能力很大，使得他們的利潤豐厚。

到了工業革命之後，製造、生產企業紛紛成立，他們的生產規模很大，資本雄厚，聘僱的員工很多。那些生產製造消費產品的企業，有些成立自己的銷售部門，聘僱銷售人員來銷售公司的產品；也有些企業只專注於生產、製造，將產品賣給通路商去銷售，這時候就有了不同的銷售通路。我們通常依照中間通路商的層級，將銷售通路分為零階通路和多階通路。所謂零階通路就是

生產製造廠商，自己直接將產品銷售給最終消費者的銷售模式，這就像直銷的原始定義運作模式一般，稱為「廣義的直銷」。多階通路是指生產者將產品賣給中間商，中間商再賣給最終消費者的銷售模式；假如中間商自生產者那裡買到商品之後，直接就賣給消費者，稱為一階通路；若中間商不直接把產品賣給消費者，而是賣給再下一層的通路商，形成「批發」、「零售」兩階段的中間通路，則稱為二階通路；隨著產品的多樣化和消費者分佈範圍的擴大，光是批發、零售的二階通路可能無法妥善的照顧所有的消費者市場，中間層級必須再增加，就有類似總代理、地區代理、地區大盤、中盤、小盤、零售商之類的多層中間通路商，稱為多階通路。

在零階通路的直銷，最早的時候是由公司聘請很多業務人員，讓他們去尋找客戶，推銷公司的產品給消費者，他們就是俗稱的推銷員或業務員。業務員有的每個月有領底薪，再按照銷售業績領取獎金；也有的公司業務員沒有底薪，完全看業績高低來領獎金，不論哪種方式，這些業務員都是公司的員工，必須遵守公司的制度、規定，每天按時上下班。這樣的業務員比較常見的是汽車業務員、保險業務員、事務機器業務員、書籍、雜誌、音樂帶或光碟的業務員。只要他們的雇主是產品的製造商，就是屬於零階通路，是一種直銷，不過以前沒有「直銷」這個名詞。這些業務員都是專業的推銷員，他們進入這個行業的時候，就知道他們的工作是要去推銷產品，所以已經有相當的心理準備，公司對於新進業務員會有一套完整的教育訓練課程，包括產品知識的訓練、如何尋找新客戶的訓練、如何尋找話題來和陌生人搭訕的訓練、

如何介紹產品的訓練、如何應付顧客質疑、批評或推託的訓練、如何把握機會讓顧客簽下購買合約的訓練。由於有心理準備又有完整的教育訓練，大部分的專業業務員都全心全力的投入，享有豐厚的報酬。

　　1886年美國雅芳公司聘僱兼差的女士來推銷他們的化妝品，揭開了現代「直銷」的新模式，這些雅芳小姐起先都是雅芳公司產品的消費者，他們起先是向雅芳公司的區經理購買產品（區經理是公司的幹部），使用滿意之後區經理再鼓勵她們兼差去把公司產品推銷給認識的人。若她們有意願，區經理會給她們上一套課程，讓她們具備基本的產品知識和推銷技巧，不過和專業推銷員的教育訓練比起來就簡單得多了。這些雅芳小姐都不是公司聘僱的員工，她們擁有完全的自由和彈性的工作機會，不需要到公司上班簽到，只要有業績就有獎金，業績越高獎金的比例也越高。有些雅芳小姐越作越有心得，當業績好到相當程度的時候，就會考慮全心全意的去做雅芳事業。在公司裡面，區經理會因為她轄區業績的高低獲得不同比例的獎金，所以區經理會用心去輔導她轄下的雅芳小姐。由於雅芳小姐不是公司的員工，不領薪水只領獎金，省下公司龐大的人事成本，因此雅芳公司的業績蒸蒸日上。雅芳小姐只負責推銷產品，沒有吸收新的雅芳小姐的權利和義務，和後來的「多層次獎金計酬」不一樣，為了區別起見，現在一般就把雅芳小姐的模式稱為單層直銷。

　　1945年美國紐崔萊公司推出「團隊計酬」的多層次獎金制度，帶來了直銷另一次的旋風。直銷員除了銷售產品之外，還可以吸收他的顧客成為他的下線直銷員，所有他的下線直銷員的業績累

積到他這裡，成為他的團隊業績；獎金的發放按照團隊業績來計算百分比，業績越高獎金的比例也越高；上線直銷員可以因此領到較高比例的獎金，而他的下線直銷員因為累積的團隊業績較低，獎金比例也較低，使得上線直銷員享有豐厚的獎金比例差額。當他的下線直銷員團隊業績成長到獎金比例和他一樣的時候，他就無法從下線直銷員那裡得到獎金比例差額，這會使他不願扶植下線成長；因此直銷公司又訂有其他項目的獎金類別來補償他的損失，同時獎勵他的輔導成就。所以每個直銷員都會努力去推銷產品，也會努力去吸收、輔導下線。正派經營的多層次直銷公司可以因此創造良好的業績，直銷員一方面享用優質的產品，另一方面也獲得獎金的收入，可以改善家庭的經濟狀況，促進社會經濟的發展。

假如我們把多層次直銷獎金制度和雅芳公司的制度比較一下，可以發現，多層次直銷的高階直銷員扮演的角色，就好像雅芳公司的區經理一樣，可以銷售產品，也可以吸收、培養直銷員。換句話說，多層次直銷制度是把雅芳公司區經理的職權角色，下放給所有的直銷員去扮演，引伸出威力無窮的多層次直銷制度。多層次直銷會被不法之徒用來做獵人頭斂財的工具，為什麼雅芳公司的制度就不會呢？關鍵在於雅芳公司的區經理是公司的員工，領公司的薪水，她的言行舉止有公司在管控，她也只能吸收培養雅芳小姐，沒有權力或能力許下過多的承諾，所以她無法做誇大不實的宣傳。反觀多層次直銷制度，每一個直銷員都不是公司的員工，不受公司直接的管轄，每一個直銷員都可以吸收下線，因此心懷不軌的上線直銷員，甚或是居心叵測的公司經營者，可

以鼓勵下線直銷員努力去擴展下線，並許下誇大不實的承諾，如短期致富的夢想；在利之所趨之下，直銷員們可以不重視產品的價值或效用，以吸收下線領取獎金作為主要的目標，成為吸金的工具，造成社會動盪不安。

　　從雅芳公司的單層獎金制度改為團隊計酬的多層次獎金制度是比較容易的，但是從多層次的獎金制度要改為單層獎金制度問題就大了。首先，原來的上下線組織結構要如何安排善後，就是一個很難擺平的工作，那些高階直銷員一夕之間失去他辛辛苦苦建立起來的下線組織，不就像宣告破產一般！原來的組織文化，互相扶持的精神都得不到制度上的支持，等於宣告瓦解！所以相信那些已具規模的多層次直銷公司現在都面臨是否要完全打破現有組織，從瓦礫中重新再來建立新的運作模式的抉擇。一個可能的解決方法，就是現在把高階直銷員納編為公司員工，成為區經理或更高層經理的職位；依照雅芳的模式，讓他們分層負責不同的直銷員群體；將來的直銷員就由他們來負責吸收、輔導，而新吸收的直銷員只能銷售產品，不能再吸收下線。如此安排也許可以符合「直銷管理條例」與「禁止直銷條例」的規定，將上線直銷員的損失降到最低。

14 直銷合法化之後
學術界應開始研究直銷

　　直銷自 1990 年雅芳公司引入中國，在中國的發展已經超過 15 年，這其間直銷歷經各種不同的發展階段，不過總結來說，因為非法直銷公司和直銷員的破壞，使得一般社會大眾對直銷抱著排斥的態度，政府機關對於直銷也是存著戒慎恐懼的心態；學術界對於直銷更是避之唯恐不及，這樣的社會現象與 1980 年代的台灣完全一模一樣。台灣直到 1992 年公布公平交易法，對多層次直銷加以規範，公平交易委員會並據以訂定「多層次直銷管理辦法」之後，多層次直銷才取得合法的地位。但是由於「老鼠會」對多層次直銷的污名化已深植人心，社會大眾對直銷的排斥並沒有因此減輕。不過從那時起，筆者和一些學者開始對直銷進行學術研究，並舉辦學術研討會，透過嚴謹、客觀的研究方法，對直銷的各個層面進行探索，在研討會上與政府官員、直銷業者和學者溝通看法，慢慢的直銷的形象才有所提升。經過 13 年的持續研究，和不遺餘力的推動直銷社會形象提升的努力，我們累積了數量龐大的直銷學術研究論文，厚植直銷的理論基礎，並獲得政府和直銷業者的信任，建立超然的公信力，才有能力站在直銷的制高點，影響直銷的動向。

　　2005 年中國政府公佈「直銷管理條例」給予直銷合法的地位

之後，和 1992 年台灣的情況十分類似，我們希望台灣的經驗可以提供大陸參考，減少摸索的時間，加快直銷市場步入正軌的腳步。根據筆者 2004 年和 2005 年到大陸舉辦兩屆「直銷學術研討會」，對大陸各大學徵求研究論文的經驗來看，大陸各大學的教授、學者還沒有對直銷展開正式的學術研究，頂多是少數學者憑著自己從旁觀察，印證自己的學術經驗之後，寫出自己的個人看法來發表。這樣的文章在報紙、雜誌上發表，可以憑著作者原有的聲望和流暢的文筆，獲得廣大讀者的共鳴，但是要稱為學術論文就會因為失之主觀，而無法獲得評審委員的認同，也容易引起持不同看法學者的批評，形成公說公有理，婆說婆有理的論戰。

最近看到媒體報導，今年二月南京大學成立「中國直銷研究中心」，這是大陸學術界對直銷研究跨出的一大步！據說他們還是經過學校學術委員會 30 多位專家投票通過，並經學校編制委員會批准後才設立的。這和當初台灣中山大學設立直銷學術研發中心的歷程非常相似，我們也是經過管理學院和學校的委員會投票通過，才獲批准設立。成立直銷研究中心是第一步，接下來如何籌措經費，進行直銷的學術研究則是另一個挑戰。當初中山大學直銷學術研發中心成立的時候，筆者就去拜訪台灣直銷協會的理事長，也是台灣如新公司總裁周由賢先生，向他說明成立直銷學術研發中心的目的及構想，獲得他的認同和支持，在直銷協會為我們大力宣揚，終於獲得直銷協會在經費上和研究上的協助。南京大學成立中國直銷研究中心，美商如新公司中國總部馬上表達共同發起的意願，可能也是因為有過台灣的經驗所以搶先一步。南京大學認為如新公司是著名的跨國直銷公司，且在行業中有很

好的聲譽，因此同意讓如新公司擔任共同發起單位，這和台灣的發展有異曲同工之妙。經過這麼多年的直銷產業和學術界合作，我們完成許多實證的學術研究，而且每年舉辦直銷學術研討會，奠定中山大學在直銷學術研究的領導地位，直銷業也因為透過嚴謹客觀的學術研究，而逐漸獲得社會大眾的信賴。

事實上，最近也有大陸學術界的人士和筆者接觸，提到要在一些大學設立直銷研究中心的構想，希望和我們合作；我當然樂見更多大陸的大學設立直銷研究中心，因為大陸幅員廣大，假如每個省、市都可以有一家大學設立直銷研究中心的話，學術研究對直銷的影響才能遍及全國各個角落。但是成立直銷研究中心要把研究中心的目標、任務釐清，對大陸直銷市場的穩定和發展才能提供最大的助益。首先當務之急，直銷研究中心必須以學術研究為主，比照歐美國家學術研究的方式，以現有的理論為基礎，從事實際的調查研究，再做理論與實務的驗證，寫出結構嚴謹，分析深入的學術論文，讓教授與學生可以從這些研究當中，對直銷有更深入、正確的認識。假如每個直銷研究中心一年可以完成幾篇直銷的學術研究論文的話，一年一度的直銷學術研討會就不愁沒有大陸論文可以研討；過去兩屆的直銷學術研討會，大陸的學術界幾乎繳了白卷。

其次，直銷研究中心可以扮演提升直銷公司經營管理層次的角色，在從事直銷學術研究幾年之後，研究中心學者可以從學術研究上找出直銷公司經營管理的缺失，提供直銷業者參考。由直銷研究中心開辦直銷公司經營管理階層的進修教育是一個最好的途徑，一方面藉著進修教育提升直銷業者的知識和經營水準，另

一方面，因著師生關係的建立，彼此互相信任之後，可以方便學術界做更多直銷的實務研究，寫出更多直銷的學術論文。

　　第三，直銷研究中心可以在本科或研究所開直銷方面的課程供學生選修，藉著課堂上的討論，直銷的各個層面都可以深入探討，正派和非法直銷的分別將越來越清楚，政府主管機關執法時多了許多助力，中國的直銷市場將更快步入正軌。我們深切期盼，大陸各重點大學在直銷合法化之後，能夠積極的從事直銷的學術研究，作為政府管理直銷市場的後盾，讓直銷市場早日步入正軌，發揮富國裕民的功能。

15 台灣即將建立直銷事業評鑑認證制度之探討

台灣的直銷事業是採取報備制，任何公司想要採用直銷的方式來銷售產品，只要在開始營運前一個月，將公司在經濟部登記的證件資料、產品資料、獎金制度以及預備和直銷人員簽約的合約等資料，備齊提交給主管機關 - 公平交易委員會，到時候就可以正式營運；公平交易委員會不做事前審批的動作，不過公平交易委員會可以隨時派人到公司去實地勘查。在這樣的制度之下，公平交易委員會不需要龐大的人力來處理直銷公司的申請案件，直銷公司也不需要為了申請核准去送紅包，減少貪污舞弊的機會。只有在民眾檢舉或有不當行為發生的時候，承辦業務的人員才偕同警察、調查人員去實地調查；若確實有違規的行為，經過委員會議討論，來決定處罰的方式。這種事後處罰的方式，在市場秩序良好的情況下，是非常經濟而且有效率的制度。

不過因為直銷很容易被心懷不軌的人士拿來做詐欺斂財的工具，造成很多人受騙上當，消費者普遍對直銷抱著排斥的心態。一些立法委員因此提案要求對直銷公司建立評鑑制度，以方便消費者區別哪些直銷公司是可以信任的，哪些是不可靠的。這個消息傳出之後，直銷業者都持反對意見，認為會增加直銷業者的困擾，而且評鑑制度若要將直銷公司評鑑為不同的等級，更將引起

天下大亂；因此透過各種管道向提案的立法委員反映。沒想到後來立法院竟然通過這項議案，並責成公平交易委員會來研究執行；公平交易委員會經過內部討論之後，決定委託學術單位來研擬一套直銷業的評鑑制度和評鑑指標；最後選定台灣最大的學術團體「管理科學學會」來進行這項工作，從4月份開始進行研究，11月底之前要提出一套完整的評鑑指標和評鑑制度，而且7月中旬要先提出期中報告，研擬出一份草案來和直銷業者溝通。由於這是全世界第一個對直銷產業所建立的評鑑制度，沒有前例可循，應該如何研擬才能達到最好效果，成為大家關注的焦點。

　　筆者以多年從事直銷學術研究的經驗和對直銷產業的瞭解，剛聽到這個消息的時候也不贊成建立直銷事業的評鑑制度，但是當政策已經決定要執行的時候，只好認真的去思考這個問題。針對一般企業國際上有很多種標準化的評鑑制度，有些是看一家公司的企業目標、行政作業流程是否有一套完整、標準的規範，是否有確實按照規範來執行業務，就是國際上所謂的ISO評鑑；有些是看一家公司的產品製作流程和原物料的篩選及品質管控流程是否達到一定的標準，就是像GMP或正字標記的評鑑。另外像觀光飯店，有一套國際統一的硬體設備、服務品質等項目的評鑑指標和標準，以評定是幾顆星的飯店。所以一般企業的評鑑有些是達到標準，就頒發一個標章，如正字標記、ISO9000、GMP等；也有些是評出等級，如五星級飯店、四星級飯店。筆者認為直銷事業的評鑑目的，應該是為了讓消費者更容易分辨直銷公司的好壞，更正確的說，是為了避免讓消費者誤入非法直銷事業的陷阱，吃虧上當；而不是去評鑑哪家公司的產品品質較好，哪家公司的

獎金制度更容易賺錢，也不是評鑑哪家公司的行政程序是否符合一定的標準。

　　從直銷事業的發展史來分析，1960 年代末期，美國的直銷市場因為非法直銷公司氾濫成災，民眾受害慘重，人人視直銷為洪水猛獸，避之唯恐不及。聯邦交易委員會（FTC）幾乎對所有直銷公司都進行調查、起訴，安利公司也在 1975 年被 FTC 以非法直銷的罪名起訴，經過四年的訴訟、調查，到了 1979 年安利公司首先拿到 FTC 判定它的作法沒有不當的判決。安利公司就是以這張判決書來取信消費者，等於是 FTC 幫它背書保證，使得他們的業績快速成長，再加上經營得法，終於站上直銷業的龍頭地位。而台灣公平交易委員會對直銷業採取報備制，強調「報備不一定合法，不報備則為非法」的觀念；一般社會大眾對直銷的觀感，受早期非法直銷的影響，大部分仍抱排斥的態度，對直銷公司缺乏信心。要增加消費者對直銷的信心，直銷業的評鑑制度應該扮演如 FTC 給安利公司合法經營的判決書一樣，由評鑑單位對通過評鑑的直銷公司發給一張「認證合格」的證書來為其背書，讓消費者對評鑑合格的直銷公司建立信心。

　　在評鑑的指標和制度上，根據對直銷產業的研究，直銷業最可能引發消費者疑問，或讓消費者誤入非法直銷公司的部分，主要有兩項：一是產品品質和價值，二是獎金制度。直銷公司因為是以人來推銷產品，考量到推銷員的勞力和時間成本，中低價位的產品不適合用直銷來銷售，一定是中高價位的產品才值得拿來做直銷。直銷員推銷產品，其實有一部份是以自己個人的信譽來做背書，所以產品品質若沒有達到應有的水準，自己的信用也會

賠上去了。很多人都說直銷公司的產品特別貴，言下之意，直銷公司的產品售價比一般通路的同級品更貴，是否屬實則見仁見智。針對產品的部分該如何評鑑，筆者認為將來的評鑑單位不可能自行來做產品品質的鑑定或售價是否合理的認定。評鑑指標可以要求直銷公司負責舉證，提出其產品品質經過具有公信力單位驗證的資料，譬如保健食品經過衛生單位的認證，或經過國內外具公信力的相關實驗室的驗證等。產品價格則可以要求直銷公司提供競爭品牌的售價資料給評鑑單位參考。如此一方面可以鼓勵直銷公司積極的把產品委託公正單位驗證，確保品質水準，同時也讓直銷公司留意市場同類產品價格水準，合理定價，減少消費者的疑慮，如此可以讓消費者對直銷公司的產品更有信心。

直銷公司的獎金制度五花八門，無所謂哪一種制度較好，但基本上公司的收入和利潤應該以產品的銷售為主要來源，不該鼓勵直銷員囤貨。在產品說明會或公司的教育訓練課程裡面，假如過份強調短期致富的願景，容易建立參加人的錯覺，讓他們抱著過份樂觀的期望來加入直銷，將來失望並感覺受騙的機會也會大增，這是很多人詬病直銷的地方。所以評鑑單位可能需要抽樣訪談直銷公司的各階層直銷員，瞭解他們的觀念和說法，以判斷直銷公司是否對獎金收入有誇大不實的宣傳。

直銷公司的評鑑制度如果能建立消費者對評鑑合格公司的信心，對於公司的營運可以帶來加分的效果，對公司將是利大於弊。一套合適的評鑑制度，可以鼓勵、促使直銷公司將資訊透明化、公開化，讓取得評鑑合格的公司能建立消費者對它的信心，也會讓想要進入直銷市場的公司都能努力通過評鑑，則非法的直銷公

司將無立足之地，直銷市場也會健康的蓬勃發展，從這個角度來看，直銷業者應該改變抵制、排斥的心態，共同努力來落實直銷事業的評鑑制度。

　　依目前的觀察來看，直銷事業評鑑制度將來會由政府委託民間有能力且具公信力的單位來執行，目前傾向以直銷公司自願申請接受評鑑的方式來進行。由於評鑑合格的公司可以獲頒評鑑合格的證書，對建立消費者的信心，提升公司的形象和營運有很大的幫助，相信正派經營的直銷公司都會積極申請評鑑，如此一來對直銷市場的健全發展更有極大的助益。假如這一套評鑑制度在台灣執行成功，大陸政府就可以參考採用，結合民間單位的力量，一起來促進直銷市場的健全發展。

Chapter Four

第 4 章

01 中國直銷市場的管理與展望

中國大陸的直銷市場自 1990 年美商雅芳公司引進直銷的營運模式之後，曾經蓬勃發展，也曾經造成許多社會事件，甚至在 1998 年的時候，還因為市場秩序大亂而遭全面禁止；直到 2005 年 9 月政府公布「直銷管理條例」以及「禁止直銷條例」，才又回到法律規範、市場開放的路上。我們可以看到，在這 15 年當中，不管是一般百姓或是學者專家，甚至政府官員，對於直銷的定義、運作模式與經營理念，都是在摸索中學習；而學習的對象不外乎直銷公司以及直銷員，其中還包含了拉人頭斂財的非法直銷公司，因此有些人對直銷的認知有很大的偏差，但他們自己並不知道。在中國大陸自計畫經濟逐漸走向社會主義市場經濟的過渡時期，有一批人掌握了環境變革的浪頭，翻身成了市場上的紅人，其經濟狀況的顯著改善，給廣大民眾帶來翻身致富的希望。就在這個時候，強調「沒有加入門檻」、「工作時間自由有彈性」、「可以增加收入」的直銷業進入中國大陸，正好迎合廣大民眾翻身致富的希望，因此在大陸各地風起雲湧，造成一股 1990 年代的直銷熱潮。

不過因為正派經營的直銷公司和非法獵人頭的直銷公司同時進入大陸市場，大家都打著直銷或直銷的旗幟，遂讓廣大的民眾

摸不著頭，不知到底誰是正派誰是非法；而且非法的直銷公司無視法令規定，掌握人心追求財富的迫切渴望，以短期致富的虛幻夢想，大行其拉人頭的勾當，遂令整個大陸直銷市場處於動盪不安而至不可收拾的局面。殷鑑不遠，目前「直銷管理條例」、「禁止直銷條例」已經公佈實施，直銷市場重新開放，在民眾正確觀念的建立與政府管理能力的強化上若無法提升，難保直銷市場亂象不會再度發生。

　　多層次直銷制度的威力強大，使許多企業爭相模仿、採用這套制度。不過很可惜的是有些不肖之徒，也利用這套制度來做非法獵人頭的斂財活動。非法直銷的作法和正派經營的模式非常類似，不過他們要求加入的人要繳交鉅額的入會費，或購買相當金額的產品，至於產品的價值或功能則不是他們強調的重點。他們的主要訴求是把多層次直銷當做一種賺錢的事業，任何人加入會員就取得賺錢的資格，只要介紹新人加入，公司就會給予相當比例的獎金，介紹的人越多就賺得越多；利用幾何級數的倍增原理，給參加的人一種短期致富的夢想。但是當沒有新人持續加入的時候，公司收入減少，就付不出獎金，會使最後加入的龐大群眾血本無歸，造成嚴重的社會問題。大陸政府有鑑於此，在民眾尚未具備分辨正派直銷與非法獵人頭的多層次直銷公司的區別時，明令禁止多層次的獎金計酬制度，只允許單層的直銷模式，實有其不得不然的苦衷。不過我們也寄望在直銷市場正常發展一段時間，社會大眾與政府主管機關對直銷有更深入、正確的瞭解之後，「團隊計酬」的獎金制度能被允許採用。在此過渡期間，我們應該對多層次直銷的運作，深入去探討，吸收世界各地的經驗，為未來

的開放做準備。

　　台灣在 1992 年成立公平交易委員會，公布公平交易法，將多層次直銷的管理列入公平交易法裡面，再根據公平交易法制訂「多層次直銷管理辦法」。台灣對於多層次直銷的管理究竟是採取「報備制」還是「核准制」曾經有過一番爭論。後來考慮到台灣的市場經濟運作經驗已經數十年，社會大眾對市場的機制已經相當熟悉，大部分的人都具備理性分辨營銷模式好壞的能力；再加上「核准制」需要有龐大的人力來詳細審核公司的制度、產品、運作方式，才能發給執照，而且容易讓多層次直銷公司為了獲得執照而動用各種政商關係，引發市場的明爭暗鬥，帶來主管機關的壓力與困擾，最後決定採取「報備制」，讓市場去決定直銷公司的成敗；主管機關只在有人檢舉或自行發現不法的時候，派員偕同司法、治安機關的情治人員進行深入調查，就發現的違法事實，按情節輕重給予不同程度的處分。

　　由於採用報備制，讓公平交易委員會主管多層次直銷的單位沒有核准執照的時間壓力，給他們充分的時間去研究各家報備公司的資料。經過大量資料的接觸，讓他們對多層次直銷公司的運作有了深入的瞭解，也建立了對非法獵人頭制度的職業敏感度，使他們能夠屢次出擊成功，掃蕩非法的多層次直銷公司。台灣的多層次直銷市場自 1992 年立法管理之後，逐漸步入正軌，雖然還是會有非法直銷公司出現，但是在正派直銷公司的抵制、檢舉，主管單位的迅速調查、懲處之下，直銷市場的秩序可說已經穩定正常。

　　有鑑於直銷很容易被不法之徒用來斂財，破壞形象，除了世

界各地的政府紛紛立法加以規範管理之外,美國的直銷業者也於1968年將早期成立的全國直銷公司協會正式改名為「直銷協會 (Direct Selling Association)」,將總部搬到美國首府華盛頓特區,加強對會員資格的審核並強調產業自律。1978年更在美國華府成立世界直銷聯盟 (WFDSA),以世界各地的直銷協會為會員,推動產業自律公約 (Ethic Codes),要求全世界的直銷協會會員公司簽約遵循。直銷產業自律公約的內容分成「對消費者的誠實對待」、「對直銷員的行為要求」、「直銷公司和直銷公司之間的商業道德」等三大部分;各直銷協會並要聘請社會上知名的公正人士擔任「商德約法督導人 (Code Administrator)」,督導各會員公司對商德約法的遵行,若有違反的情形,商德約法督導人得開會調查,並就違反商德約法情節之輕重,裁決警告、罰鍰,最重的是開除會籍的處分。由於直銷產業的自律,使直銷市場秩序逐漸上軌道。

　　大陸直銷市場的管理與運作,應該多吸收世界各地的經驗,減少摸索犯錯的機會,才能加緊腳步,迎頭趕上。根據筆者的看法,以下幾點建議值得大家參考:

　　1、加緊執法人員的教育訓練:由於大陸執法人員對直銷的認識還不夠深入,對於正派或非法的直銷運作,判斷能力尚嫌不足,難免有濫殺無辜或縱容非法的現象,導致正派直銷公司動輒得咎,非法公司走後門進行賄賂的亂象。因此對執法人員的教育訓練,統一取締非法的標準,應是首要之務。其執行方式以分區舉辦研習營,邀請正派經營的直銷公司主管、對直銷有深入研究的學者專家,用講解分析和討論的方式,進行密集訓練。

2、加強社會大眾對直銷的認知：社會大眾對直銷的運作一知半解，完全聽憑直銷業者的一面之詞，無法分辨其是否合法，容易陷入非法直銷公司的誇大誘惑。政府必須透過各種媒體，宣導分辨合法與非法直銷的簡單原則，以免社會大眾受騙而不自知。其執行方式以製作短劇在電視和廣播電台播放效果最佳；另外邀請專家學者在電視台或廣播電台接受觀眾、聽眾現場打電話問問題也是很好的方式。

3、鼓勵學術界進行直銷研究：透過學術界嚴謹、客觀的研究，才能對直銷有正確而深入的認知，在課堂上可以為學生做正確的講解；在社會上可以透過媒體撰文、專訪的方式，提供社會大眾客觀、有學術根據的看法，建立大家對直銷的正確認識。其大前提是政府提撥經費，鼓勵學術界進行直銷的學術研究，才會有學術界人士願意投入直銷的學術研究。

4、鼓勵正派經營的直銷公司成立直銷協會，透過協會的力量在市場上擔任產業自律的尖兵，維持市場秩序，以彌補執法人力的不足。協會成員的篩選是非常重要的步驟，否則非法直銷公司也加入協會，將使協會的公信力喪失，也會讓非法公司取得正派經營的假象，為禍更烈。

5、學習國外對直銷的管理經驗，以減少摸索的時間及重蹈覆轍的可能。政府主管機關應該經常派員出國學習考察，也可以舉辦直銷管理論壇，邀請世界各地的主管官員或學者專家前來與會，在論壇中交換心得與經驗。

02 直銷運作的基本觀念

　　大陸的直銷市場在「禁止直銷條例」和「直銷管理條例」公佈實施之後，正進入盤整的階段，由於禁止「團隊計酬」的多層次獎金制度，大多數直銷公司都要調整他們的制度和作法，那些已經從事直銷的直銷員也必須改變他們的觀念和作法。在這直銷新紀元開始的階段，我們希望直銷業界能夠迅速調整腳步踏上正軌，因此把觀察台灣和大陸直銷運作多年的心得提出來和大家分享，希望能對大陸直銷市場的運作有所助益。

　　直銷自1990年傳入大陸之後，歷經許多風風雨雨的事件，在很多人的心目中，直銷是充滿爭議的銷售方式。其中之一的印象是直銷可以讓窮人翻身，直銷可以讓人快速致富；在大多數人仍處於貧窮狀態的社會，快速致富的號召會吸引許多人瘋狂的投入直銷的行列。正因為很多人會瘋狂的投入，遂讓一些心懷不軌的投機份子找到可乘之機；他們以虛化的產品或廉價的商品為餌，訂出高昂的價格和充滿誘惑的獎金制度，鼓勵社會大眾呼朋引伴來加入。他們的策略是讓加入的人為了取得獎金分配的資格，忽略了產品的真正功能或價值，也忽略了自己是否有需要，在業績越高獎金越多的口號之下，完全沒有考慮自己的需求，也沒有考慮自己能賣出多少，不斷的購買囤貨。假如個人的經濟條件不錯，

也許可以承受囤貨的成本，即使沒有賣出去，還可以留著自己慢慢使用；但是大多數加入直銷的人經濟條件都不是很寬裕，他們是想要藉加入直銷來改善家庭的經濟狀況。在囤積的產品賣不出去的情況下，資金積壓的利息負擔可能就導致個人或家庭的財務危機乃至破產。當很多人都陷入如此的困境，會造成連鎖反應，引起社會的動盪不安，這是非法直銷的最大弊端。

但是正派經營的直銷不應該產生這樣的現象，正派的直銷公司一定先有品質優良的產品，然後在考慮各種行銷通路時，覺得以直銷的方式來銷售產品能達到最好的效果，所以才決定進入直銷市場。由於直銷是透過直銷員和消費者面對面來介紹產品，不是將產品放在賣場來銷售；而直銷員因為不是公司的員工，並沒有向公司領薪水，他們的收入是以產品銷售金額的比例來提撥佣金，因此考慮到直銷員的推銷成本和報酬，只有中高價位的產品才適合以人員推銷的方式來銷售，所以直銷公司不適合銷售中低價位的產品，他們銷售的產品都是品質優良的中高價位產品。很多人沒有認知到這一點，以為直銷公司都是把便宜的產品價格訂得很高，藉以發放高額獎金，其實這是以非法直銷公司的作法來推論，有以偏概全的缺失。

正派經營的直銷公司不鼓勵直銷員購買大量的產品再慢慢銷售，因為他們知道鼓勵囤貨是非法直銷公司的作法，為了和非法直銷公司有所區別，他們都不鼓勵直銷員囤貨。另一方面他們也知道囤貨會造成直銷員的財務壓力，當直銷員承受不了財務壓力時，可能會周轉困難以致破產，這會使公司損失一名直銷員，也會在直銷員之間產生不良的影響。更有甚者，當直銷員發生財務

周轉困難而手上又有大量公司產品時，可能會到市場上賤價拋售產品，破壞公司產品的市場行情和產品形象，這都不是公司所樂見的。很多正派經營的直銷公司有鑑於此，對於直銷員的訂貨數量都會有所限制，他們會逐月根據每個直銷員的業績和客戶人數，訂出每個直銷員每個月的訂貨上限；若有直銷員要超量訂貨，需要說明理由提出申請，再由公司根據狀況決定是否核准。一些經營上軌道的直銷公司甚至建立完善的物流配送系統，直銷員不需要購買大量的產品，他們只要購買一套自己示範講解所需要的產品，然後拿到客戶那裡去說明、介紹；若客戶有興趣購買時，只要請他們填寫訂單，再由直銷員交給公司，公司負責將產品直接送到客戶手中，貨到的時候再由送貨員向客戶收錢交回給公司；公司會按月和直銷員結清應得的銷售獎金。如此一來，直銷員不需花太多錢來購買產品再慢慢銷售，讓經濟狀況不佳的人也有能力來擔任直銷員，更可以避免陷入非法直銷拉人頭入會斂財的弊端。

除了直銷公司要有正派經營的作法之外，直銷員本身更要有正確的直銷觀念。直銷對於直銷員來說，確實是一個小投資低風險的創業機會，不論任何人只要願意投入，經過適當的教育訓練之後都可以做得起來，但是直銷員心裡若有快速致富的期望，最終必會走入非法直銷的死胡同，這是必須極力避免的。直銷員要建立的第一個觀念是「直銷是一個以個人信譽為保證的事業」，顧客之所以會向你購買產品，公司的信譽和產品說明資料固然是顧客購買產品的決定因素，但最主要的因素是你的現身說法。所以個人必須對所銷售的產品有清楚深切的認識，最好是本身有使

用的經驗，自己真的覺得滿意再來介紹給別人，講起來會更理直氣壯，而且根據親身經驗的分享更能打動人心。也因為這是一個講究個人信譽的行業，每個直銷員更應該珍惜自己的信譽，不要有誇大不實的說法，不要為了賺錢，不擇手段；不要讓人家說親情、友情、交情被拿來論斤稱兩作為交易的媒介，要讓人家感覺你是出自「好東西要和好朋友分享」的古道熱腸。

　　直銷員要建立的第二個觀念是「從顧客的角度思考」，由於直銷是面對面的銷售方式，消費者最感興趣的是和他有關的事物，因此直銷員必須先對顧客做深入的瞭解，知道他的家庭狀況、工作狀況、身體狀況，再研究自己所銷售的產品對他或他的家人是否有用。若對方沒有需求就不要為了賣產品而強迫推銷，因為強迫推銷也許一時會成功，但以後對方見了你就會有排斥感，反而斷了以後銷售的機會。若研究發現對方有產品需求，也要從顧客的角度來分析產品對他的幫助或效用，以幫助顧客的角度而不是做生意的角度來談產品，成功的機會更大，而且滿意的顧客會幫你宣傳，創造出更多的機會。直銷員的人脈需要靠滿意的顧客介紹更多的朋友，才能生生不息的越做越大，越做越多。

　　直銷員要建立的第三個觀念是「直銷是在做善事」，一個心術正直的人做事情，一定要建立其正當性，做起來才會心安理得，也才能做得理直氣壯。直銷因為受非法直銷的影響，讓很多人都對其持負面的看法，一個直銷員很容易受到他周遭親朋好友的排斥；若沒有建立正確的觀念，一定會受不了被排斥的壓力而放棄直銷。正派經營的直銷是抱著「好東西要和好朋友分享」的動機去介紹直銷產品給親朋好友，是覺得這項產品對顧客有幫助，才

介紹給他的；若沒有你的介紹，顧客可能不知道有這項產品的存在，因為直銷的產品既沒有在大眾傳播媒體上做廣告，也沒有在一般店鋪裡面銷售，所以你把好產品介紹給他等於是在做善事。既然你把直銷當成是在做善事，就會以誠信的態度去從事，心存善念不貪不嗔，遇到別人的排斥、拒絕就能安之若素，不為所動。

玫琳凱事件的省思

根據大陸媒體的報導，玫琳凱公司有疑似直銷的作法，筆者沒有親眼目睹，無法判斷事實的真相為何，但是媒體言之鑿鑿，而玫琳凱公司一向是聲譽卓著正派經營的直銷公司，這當中有很多值得省思的地方。

多層次的獎金計酬（或稱為團隊計酬）是全世界直銷業的主要獎金制度；自 1945 年美國加州紐催萊公司首次推出多層次的獎金計酬制度之後，帶來直銷獎金制度的革命，迅速蔚為風潮，多層次直銷公司取代單層直銷公司，成為直銷的主流。但多層次獎金制度也被不法之徒用來做為獵人頭斂財的工具，稱為「金字塔銷售術」，讓多層次直銷蒙受池魚之殃，被污名化。經過美國政府長期的取締和正派多層次直銷公司的自清，才漸漸被接受為合法的行銷通路，各公司也建立了健全的多層次獎金制度和運作方式。

這次大陸政府為了整頓直銷市場，公布「禁止直銷條例」令所有國際知名的多層次直銷公司都一片譁然。不過因為這是政府的既定政策，各直銷公司想在大陸營運必須遵守政府的法令規定，

這是天經地義的事情，也是所有直銷公司都宣稱要配合政府的法令規定的原因。不過從多層次獎金制度要改為單層獎金制度，對這些多層次直銷公司來說是一件史無前例的巨大工程，除了獎金制度修改之外，直銷員的運作模式和教育訓練都需要重新規劃，這不是一蹴可及的事情，需要一段時間來進行觀念的溝通和重建。在這過渡時期馬上就要驗收成果是強人所難；因此筆者認為，這些國際知名，正派經營的多層次直銷公司（包括玫琳凱公司在內）一定正在朝合乎政府規定的方向修正和重建獎金制度和運作模式。但是各公司的直銷員人數龐大又分散在全國各地，必須要一段時間才能將所有人的觀念和作法改正過來。也許把第一批直銷執照核發下來的時刻，作為驗收獎金制度、運作模式修改和重建成果的時間點是一個比較合理的要求。

03 單層直銷的教育訓練和多層次直銷有很大的差異

「直銷管理條例」和「禁止直銷條例」已經明確的禁止團隊計酬的多層次獎金制度,不過因為在大陸營運的直銷公司,幾乎絕大多數是採用團隊計酬的多層次獎金制度,所以這些直銷公司都必須修改其獎金制度以符合政府的規定,這項工作本身就是一項巨大的工程,但是更重要的是其教育訓練的內容要做大幅度的修改。

多層次直銷的教育訓練和單層直銷有非常大的差別,在多層次直銷公司,教育訓練的重點可以分成幾個方面:首先,產品特點的教育是絕對必要的,人員銷售主要就是靠銷售人員來講解、介紹產品的特性,銷售人員的產品知識不足,將嚴重影響其銷售的成敗;個人的親身使用經驗更會變成「好東西要和好朋友分享」的強烈動機。其次是獎金制度的說明,多層次直銷的精髓就在其團隊業績可以讓上線直銷員因為吸收、輔導下線,分享下線直銷員業績所帶來的獎金,這種劃時代的獎金制度,是吸引許多人加入多層次直銷的原因,所以獎金制度的講解,是多層次直銷教育訓練的主題之一。第三是 ABC 法則的說明和演練,上線直銷員扮演顧問 (Advisor) 的角色,示範、輔導新進下線直銷員如何去介紹產品,達到成功說服潛在顧客購買產品的方法;這時新進下

線直銷員是扮演橋樑 (Bridge) 的角色，負責尋找、引見潛在顧客 (Customer)，見習、觀摩上線直銷員如何向潛在顧客介紹產品，並讓顧客願意試用產品，甚至加入成為直銷員。這種 ABC 法則是對於沒有銷售經驗的直銷員最直接、關鍵的銷售訓練，因為有團隊計酬的關係，所以上線直銷員會很賣力的來教育新進下線直銷員。第四是組織團隊向心力與組織文化的培養，高階上線直銷員為了保持其下線直銷員團隊的業績成長，必須不斷的關懷、輔導、激勵其下線直銷員團隊，因此他們會自行舉辦許多活動來建立組織活潑、進取的文化。這些直銷員的教育訓練工作，大部分是由上線直銷員來執行，直銷公司真正做的部分，主要是產品知識的教育和獎金制度的說明，並確定所有直銷員都獲得正確的資訊，按照公司的政策在執行。

在單層直銷的制度裡面，因為沒有團隊計酬的獎金制度，自然沒有上、下線直銷員的關係，以前上線直銷員進行的教育訓練工作都要由公司幹部來執行了，而且直銷員沒有吸收下線的權力和動機之後，他們就成了單純的推銷員，以往直銷員教育訓練的主要部分：「組織團隊建立與推動」的那一套教育訓練都無用武之地了。那麼單層直銷的教育訓練內容會有哪些改變呢？本文將分別討論如後。

單層直銷公司的直銷員只能由公司幹部去招募，其他人員不可以進行，那麼是否仍會有以往的消費型直銷員存在？公司幹部招募直銷員，必定以其吸收的直銷員的業績為薪資或獎金考核得的依據，因此他們招募的對象可能會以願意積極從事推銷工作的人為主，對於只想享用折扣優惠的消費型直銷員可能不是他們招

的重點；但是直銷員推銷產品的時候，為了達成業績標準以領取獎金，可能願意以某些折扣來吸引消費者購買產品，其中的關鍵就在獎金比例的計算和零售折扣之間的差距了；台灣的壽險業務員為了達成業績，領到更高的業績獎金，有時會以退回佣金給消費者的方式，來達成消費者簽購保險合約的手段。

公司招募直銷員之後，必須由公司的培訓員來訓練這些直銷員，這時候培訓的重點內容首先還是以產品特性的講解為主，因為將來不再有 ABC 法則的訓練，所以公司培訓員必須確定所有直銷員都完全瞭解公司產品的特性。其次是公司的背景、文化與研發能力的介紹，因為直銷員是面對面和消費者溝通，必須讓直銷員有一套很好的故事來吸引顧客的興趣，除了產品之外，公司的實力、經營理念、研發能力，也是說服消費者購買產品的誘因；在多層次直銷的時代，獎金制度或事業機會是一個很好的話題來吸引消費者，但現在無法談這些話題了，更要以產品品質和公司實力來增強消費者的信心。

介紹完產品和公司狀況之後，接下來是推銷員的心理建設，推銷員最大的難題是面對消費者排斥或拒絕時的挫折感，由於將來沒有上線直銷員的輔導和鼓勵，在公司的教育訓練裡面，必須加強推銷員面對消費者排斥或拒絕的抗壓力，要求他們以專業的態度而不是業餘玩票的心態來從事直銷。公司的培訓員或業務部門的幹部，必須扮演以往上線直銷員的角色，經常召集管轄的直銷員來進行鼓勵、輔導和教育訓練的工作。

在多層次直銷獎金制度之下，一個直銷員可以在自己的親朋好友、同事、鄰居之間推銷產品、推薦事業機會，希望由其中找

到一些有意願從事直銷的同好，吸收他們成為下線直銷員，這樣就可以一層一層的推廣下去，整組的銷售業績也會不斷成長；但是在單層直銷制度之下，直銷員只能推銷產品，不能吸收下線直銷員，銷售的對象若只侷限在自己的親朋好友、同事鄰居，其銷售業績將難以成長。如何開發、尋找新的顧客成為一項重要的工作。在推銷員訓練當中，有一項「業務線索」的訓練項目，扮演非常重要的角色，所謂「業務線索」就是潛在顧客名單。獲得潛在顧客名單是推銷員和公司業務部門的重要任務，業務部門會透過媒體廣告、舉辦活動，甚至向客戶名單公司購買線索；推銷員要運用自己的人脈和主動出擊來建立潛在顧客名單。公司業務部門如何來分配「業務線索」給推銷員，是一件策略和管理的決定，一方面不能讓推銷員過份仰賴公司提供業務線索，而不自行努力開發市場；另一方面又要善用業務線索來輔導、激勵推銷員，讓業績不好的推銷員有改善的機會，業績好的推銷員感受到公司支持、鼓勵的善意。

「顧客服務」在多層次直銷制度裡面較不成問題，因為每一個顧客都有成為下線的可能，使得上線直銷員會自動自發的經常去關心顧客的產品使用狀況，甚至顧客的家庭生活、工作、交友狀況都會是上線直銷員關心的部分。在單層直銷制度之下，顧客無法成為自己的下線，使直銷員失去主動積極關心顧客的動機，但是好不容易找到的顧客，如果沒有好好關心，流失的機會野蠻大的，因為市場上競爭產品很多，如何建立顧客的忠誠度非常重要。有人說過，開發一個新客戶所花的心力至少是維護一個現有客戶忠誠度的五倍，所以對於單層直銷的直銷員教育訓練當中，顧客服務觀念的建立比以前更加重要！

04 校園直銷學術論壇可以啟動直銷學術研究

2005年11月「第十屆直銷學術研討會」在上海同濟大學舉行，透過事前對大陸、台灣各大學的教授和研究生徵求投稿論文，結果大陸的反應並不熱烈，只有不到十篇論文投稿，而且只有一篇論文獲得錄取在研討會上發表。會議期間幾位大陸的學者接受「中國直銷」雜誌記者的訪問，表達他們對這次直銷學術研討會的看法，他們的說法是「我們需要向臺灣的同行學習，學習他們做學問的態度和方法。」、「大陸的直銷發展處於低層次，相應的學術研究也是在低層次徘徊，政府監管也是在較低的層次——政府想管，但不知道怎麼管，在監管的理念和方法上都有不足，這種監管誤區會帶來"倒髒水把孩子也倒掉"的後果。」、「產業發展需要足夠的學術研究做積澱；定義的清晰才能厘清政策走勢。還是讓我們先把什麼是直銷先搞清楚吧。」；從他們的說法可以看出，大陸學者對於直銷學術研究有著恨鐵不成鋼的急迫感，也希望政府能出面提倡直銷的學術研究。

根據筆者的觀察分析，大陸直銷學術研究不振，具體的原因有兩個，第一、大陸學者還不習慣國際學術界慣用的研究方法，即研究論文需要引用已經發表過的理論或研究發現，來作為本研究的動機和立論基礎，再運用嚴謹的方法收集資料並使用科學的

方法來分析，以發現或驗證自己的理論或想法。只有兼具詳盡、深入的文獻探討和嚴謹的研究方法的論文，才有機會被學術研討會或學術期刊錄取發表。第二、大陸絕大多數的教授和研究生都沒有機會實際去瞭解直銷，包括直銷的定義、運作模式、與其他通路的比較等，所以更難去做直銷的學術研究，也就不可能有夠水準的直銷學術研究報告。

大陸已經在2005年底公布「直銷管理條例」和「禁止直銷條例」，顯示政府已經接受直銷為一種合法的行銷通路，並且要強力取締非法直銷。在這樣的環境之下，學術界有必要對直銷進行深入的研究，以探討直銷的各個層面，分析其利弊得失，供政府主管單位參考，也讓社會大眾可以獲得客觀、深入的直銷資訊。但是以目前學術界對直銷的陌生，要進行直銷的學術研究既缺乏強烈的動機，也無從著手進行研究。在「第十屆直銷學術研討會」的閉幕典禮上，筆者提到，短期之內要大陸的學術界進行直銷學術研究有實際的困難，但是這把直銷學術研究的火種必須要點然，才有可能提升直銷的學術研究水準。筆者認為「直銷學術論壇」可以扮演點燃直銷研究火種的媒介。

世界直銷聯盟轄下的「直銷教育基金會」為提昇大學教授和學生對直銷的瞭解，並願意把「直銷」當成一種行銷通路來授課和研究，鼓勵、贊助在大學舉辦「直銷日」的活動，由各地的直銷協會和願意合辦的大學合作，由大學安排一至二天的時間，集合相關科系的教師和學生在校園裡面的演講廳上課，由直銷協會安排幾位對直銷有深入研究的教授和幾位直銷公司的高階主管到校園去介紹直銷的原理、運作、管理、商業倫理等主題，並和學

校師生進行討論。這項活動的目的不在鼓勵或吸引師生去加入或從事直銷，而是要讓他們對直銷有正確的認識。到目前為止這項活動只有在美國舉行，不過這項活動卻激發出筆者推動「校園直銷學術論壇」的構想。在第十屆直銷學術研討會閉幕典禮時，筆者即向在場的大陸學術界人士呼籲，目前以發表論文為主的直銷學術研討會在大陸要經常舉行可能有困難，但是以討論直銷議題為主的直銷學術論壇應該可以在各地舉行，最好是每一季在一個地方輪流舉辦，如此才能促進各地學者和學生對直銷議題的重視，從而激發更多學者、研究生對直銷學術研究的興趣。不過要推動直銷學術論壇需要有熱心的人士，爭取相關單位的經費贊助，主動積極的來規劃、推動。

　　「校園直銷學術論壇」的構想在台灣已經獲得直銷協會的認同，把它列入年度的重點工作，積極在推動；主管直銷的公平交易委員會也體認到讓大專學生對直銷有正確的認知，可以幫助推廣直銷的正確理念，減少社會大眾受非法直銷欺騙上當的機會，是一件非常重要的工作，所以在今年四月舉辦了一個青年學生直銷研習營，由每間重點大學的法律及管理相關科系推選學生代表去參加。在大陸因為還沒有成立直銷協會，所以沒有人來推動「校園直銷學術論壇」這樣的構想；政府主管機關也還沒有想到這樣的作法。筆者以推動直銷學術研究、提昇直銷經營水準、提高直銷社會形象為己任，十多年來四處奔走，籌募贊助經費來舉辦各種直銷學術研討會、講習會；對於大陸直銷學術研究的推動、提昇直銷經營水準、提高直銷社會形象希望也能奉獻一份心力。「校園直銷學術論壇」是最直接、可行的方案，因此正積極籌募經費

來推動，希望大陸的政府主管機關、直銷公司、大專院校也能響應，共襄盛舉。

具體的作法是先讓全體社會大眾對「校園直銷學術論壇」的觀念有所瞭解，不要以為這是到校園去鼓勵學生做直銷，也不要以為是到校園去炒作直銷議題，可能帶來社會動盪不安。接著筆者將向世界直銷聯盟申請經費贊助，也要向各大直銷公司募款，希望大家體認「校園直銷學術論壇」對於直銷的正當發展有很大的幫助，能夠出錢、出力來促成。再接下來要徵詢大專院校相關學院的意願，徵求願意合作的學校來合辦「校園直銷學術論壇」，一次以一間大學為原則。合作的大學首先要向當地政府報備舉辦此一學術論壇，以免政府主管機關以為是直銷跑到校園活動而來取締；接著校方要徵詢相關系所教授、學生參加的意願，有相當人數的教授、學生願意參加，辦此活動才有意義；再接著校方要提供舉辦論壇的場地和相關設施，安排一至二天的活動，並邀請學校教授擔任聯合主持人。筆者將邀請台灣、大陸學術界對直銷有研究的專家、學者及直銷公司高階主管參加此一論壇，擔任主講人或引言人，和合作的大學師生進行討論、互動，讓教授、學生對直銷有正確且深入的認識，激發他們從事直銷學術研究的興趣，也幫他們建立研究資料取得的來源管道與關係。

假如這樣的模式能夠成功，就可以輪流在不同學校舉辦，一方面普及直銷的正確觀念，幫助政府主管機關作政令宣導，讓直銷市場健全發展，另一方面可以推動直銷的學術研究，讓中國的直銷學術研究水準蒸蒸日上，直銷學術研討會的投稿論文數量和品質都可以顯著提昇。相信這是大陸政府、學術界、直銷業界乃至全體社會大眾所樂見的。

05 直銷公司應該藉教育訓練來引導直銷員的行為

最近媒體報導，仙妮蕾德公司的直銷員做出幾件違反政府規定的事件，包括4月24日在廈門國際會展大酒店召開直銷講座，與前往調查的執法人員發生爭執、衝突事件；2005年6月在湖南長沙做組織培訓，以「無私的愛」為名，讓受訓者赤裸上身擁抱在一起，被工商執法人員當場逮到；震驚全國的重慶「歐麗曼」直銷事件中，在警方介入之後，參加活動的1000多位學生被當地仙妮蕾德專賣店店長收編；2005年11月8日「天府早報」報導其記者暗訪仙妮蕾德四川分公司，工作人員提到「顧客發展獎」、「經銷領導獎」、「管理獎」、「拓展獎」等名詞，並以高額的回報極力引誘記者加入。在這些事件發生後，據聞仙妮蕾德公司均以這是直銷員的個人行為和公司無關為由不予理會，因此引起很多人的不滿。

其實類似這種現象早期在台灣，甚至在其他國家都曾經發生，這也是直銷或多層次直銷在很多地方受人詬病的原因。在上述這些案例中存在兩個議題，值得直銷業的朋友好好思考、反省。第一個議題是吸收直銷人員究竟應該以什麼為主要訴求？「產品」還是「獎金收入」？根據筆者的觀察，在經濟開發中國家，因為人民的生活條件普遍較差，想要致富翻身的慾望非常強烈，因此

直銷人員在推廣直銷的時候，比較傾向以獎金收入做為主要訴求，把直銷當作一種事業機會來推薦給他所接觸的人。這樣的作法比較容易在不注意的情況下誤入非法直銷的陷阱，因為這時候直銷人員強調的是如何找到更多人來加入，可以因此快速致富；產品的功能、產品的銷售變成不是重點。但直銷是一種市場營銷通路，產品的銷售應該才是公司和直銷人員獲利的來源，直銷員組織的建立是為了增加產品銷售、產品的使用速度；至於獎金的分配應該只是一種誘因而不是主角。隨著一個國家或地區經濟的發展，消費者會逐漸將直銷看成是一種優良產品的提供管道，因為直銷是靠口碑、人員面對面銷售的，假如產品品質不夠好，在直銷通路裡就無法建立口碑，直銷員也不會願意銷售，所以這時候直銷是以產品的「優良品質」為訴求。台灣現在已經慢慢走到這個地步，根據資料統計，接觸直銷的人員當中，只有百分之二十左右的人積極的在銷售產品、擴展組織，其餘將近百分之八十的人都純粹是直銷產品的愛用者。

　　第二個議題是「直銷人員和直銷公司的關係」，如眾所周知，直銷人員不是公司的員工，他們不領公司的薪水；任何人只要有人推薦，就可以加入直銷公司成為直銷人員。非法的直銷公司會要求直銷員加入時要繳交高額的入會費，或要購買大量的產品，但是正派的直銷公司對於加入的人通常沒有這方面的要求，只要簽署合約，購買一套公司的資料（只收一點點工本費）就可以。直銷公司對於加入的人員雖然沒有直接管理的權力，但是透過合約，對直銷人員的行為還是可以有很多規範。對於只想要使用公司產品的人，因為只是單純的消費者，通常沒有太多爭議行為。

對於想要吸收下線、拓展組織、銷售產品的人（在禁止直銷條例之後，只能銷售產品），他們的言行對公司的影響就很大了。這些人通常公司需要給予相當的教育訓練，教育訓練的內容以產品的特性介紹為主，因為正派的直銷公司是以銷售產品為收入的主要來源，因此讓直銷人員對產品有完整的瞭解，教導他們如何向消費者解說、推薦，是最重要的任務。其次是獎金制度的精神和計算方式，不可諱言，這是許多人加入直銷最感興趣的部分，雖然各家直銷公司的獎金制度不盡相同，但是其鼓勵銷售產品和發展組織的精神都是一致的，但是在禁止團隊計酬的「禁止直銷條例」公佈之後，發展組織的部分就暫時不適用了。第三個部分是商業道德和商業倫理，直銷是由直銷員以面對面的方式，向潛在的顧客推薦產品或事業機會，但是因為潛在顧客對直銷公司以及產品沒有其他管道可以瞭解，在資訊不對稱的情況下，若直銷員沒有商業道德，以誇大不實的說法來引誘消費者購買，很容易造成買賣糾紛，因此正派經營的直銷公司對於直銷員的教育訓練非常強調商業道德和商業倫理。第四個部分是直銷員行為規範，直銷員在銷售產品或介紹事業機會時，應遵守哪些規定，違反規定將受到哪些懲罰，都應該在直銷員加入的時候，利用公司舉辦的教育訓練說清楚、講明白。

　　直銷員和公司簽了合約之後，雖然不是公司的員工，但卻可以說是公司的經銷商或代表，其一言一行在消費者的眼中就是代表直銷公司；因為對消費者而言，他們並不解直銷公司的內部運作，也不清楚直銷員和直銷公司的關係，當有直銷員來和他們接觸時，他們的認定是這個直銷員是哪一家直銷公司的，他所說的

話、所推銷的產品就是代表那家直銷公司。直銷公司的管理階層應該對此一現象有深刻的瞭解，因此在安排直銷員的教育訓練內容時，就要針對此一現象做好規劃。

　　根據以上的分析，直銷員雖然不是公司的員工，但是在市場上卻是公司的代表，直銷員的言行若有不當，還是會損害公司的名聲，不能推說是直銷員的個人行為而放任不管；為了公司的信譽，直銷公司還是需要出面來解決。所以直銷公司必須利用教育訓練來建立直銷員的行為規範，並根據與直銷員簽署的合約，對於直銷員的不當行為加以適當的懲罰。

06 直銷團隊的功能和價值

「直銷管理條例」和「禁止傳銷條例」既禁止了「團隊計酬」的獎金制度，又將直銷人員的獎金上限訂為30%，讓直銷公司和直銷人員在銷售的獎勵制度上沒有太多的運作彈性空間，原來上下線直銷員之間「利益共同體」的關係也隨之消失；上線直銷員輔導下線的經濟動機不存在了，理論上「直銷團隊」就失去存在的價值。但是很多成功的直銷團隊，其成員之間已經有多年共同奮鬥的經歷，團隊成員之間所建立的關係，已經不只是單純的經濟利益共同體；這些直銷團隊是否會自然解散呢？它們是否還有存在的價值？值此直銷公司努力爭取直銷牌照的關鍵時刻，直銷團隊的未來是一個值得深思的議題，本文試著從直銷團隊的功能和價值來探討直銷團隊的存廢問題。

直銷團隊的功能是由多層次直銷的「團隊計酬」獎金制度所建立的，在團隊計酬的獎金制度之下，每一個直銷員除了可以推銷產品給消費者之外，還可以吸收消費者來當直銷員，被吸收來的直銷員即成為其下線直銷員，上線直銷員可以自其下線直銷員的業績當中分到獎金。雖然各家直銷公司的獎金制度不盡相同，但是獎金的基本原則都是類似的，差別在於可以提領幾代下線的獎金，以及各代獎金提成的比例；即使是所謂的雙軌制，其基本

原則也是類似的。在這樣的獎金制度之下，直銷員的收入來源，除了銷售產品之外，更大的比例是來自下線直銷員業績的獎金提成，因此如何吸收下線直銷員，如何訓練新進直銷員來從事直銷業務，就成了直銷員的重要工作。

因為一個上線直銷員可以提領好幾代下線直銷員的業績獎金，使得上線直銷員除了關心他的直屬下線直銷員之外，還會去關心其下幾代直銷員的經營狀況，也因此就形成了一個包含好幾代直銷員的直銷團隊組織。一家較具規模的直銷公司，至少會有上萬個直銷員，在這麼多直銷員當中，可能會有一些具領導能力與特質的高階直銷員，憑著他們個人的努力經營，建立起他們的下線直銷員所組成的直銷團隊。在這些直銷團隊當中，有許多下線直銷員可能不在這位團隊領導可以領取業績獎金的代數之內，但是這些團隊領導仍然樂意去照顧他們，這其中的原因顯然不是金錢導向的動機。

直銷是一個沒有加入門檻的行業，任何人只要願意，都可以在一位直銷員的推薦之下，加入直銷公司成為直銷員。正因為沒有加入門檻，使得直銷員的年齡、性別、背景、教育程度、個性、經濟狀況等個人條件形形色色，參差不齊。大部分加入直銷的人都沒有從事過銷售的工作，更有的人是屬於內向，怯於主動與人交談的個性，面對這些新進直銷員，推薦他們加入的上線直銷員可能無法承擔教育訓練的重責大任，這時候直銷團隊就開始發揮它的功能了。直銷團隊的第一個功能是讓新加入的直銷員產生歸屬感和信心，只靠一個上線直銷員的輔導可能不易讓新進直銷員對直銷產生信心，把新進的直銷員帶到團隊裡面，藉由團隊的氣

勢和熱情、友善的氣氛，立刻就會讓他感覺有這麼多伙伴一起打拼，這個事業應該是有前途的。

直銷團隊的第二個功能是教育和學習，一個傑出的團隊領導會把團隊塑造出特有的文化，這種團隊文化是經過長期淬煉和修正而逐漸成形的，每一個團隊成員在耳濡目染之下，也會逐漸具有相同的文化特質。而在直銷團隊的文化當中，樂於教導後進、勇於學習是共通的組織文化，這是導源於新進直銷員需要學習直銷的相關知識和作法，而上線直銷員負有教導下線直銷員的責任，因此教育和學習在直銷團隊當中是非常重要的活動。在直銷員的活動當中強調學習和複製，由於經常有新人加入，直銷的產品資訊、銷售要領、組織文化等教材幾乎每週、每月、每年不斷的重複講授，資淺的直銷員在陪新進直銷員學習當中，重複聽了許多遍，也實際應用了很多次，慢慢就有心得，進而也可以上台去講課了。這樣週而復始就培養了許多直銷員，也培養出很多講師，形成一個教育和學習的良好環境。一個有眼光有抱負的團隊領導，會善用這樣的教育和學習環境，除了教導直銷相關的專業知識之外，還會引進各種修身養性的知識、文化、生活常識、禮儀等課程，來變化組織成員的氣質，提高其知識水平，使團隊成員除了學會做直銷之外，還獲得個人成長的機會，對於開拓市場有更大的幫助。

直銷團隊的第三個功能是促進團隊成員的互動與交流，讓大家像一家人一樣彼此認識、互相關懷，而不是只認識上線或下線。直銷是一個「人」的事業，人際互動和人脈的擴充是把直銷事業做成功的關鍵因素，「與人為善」更是直銷員的基本生活態度，

在直銷團隊裡面就是培養和薰陶這些德行最好的地方。

直銷團隊的第四個功能是表揚、激勵士氣，表揚業績優良的直銷員，除了可以肯定績優直銷員的成就之外，另一個效果就是可以激勵直銷員的士氣，使所有直銷員都能再接再勵的努力拓展業績。一個表揚大會需要有一定的規模，才能發揮激勵士氣的效果，通常年度表揚大會都是由直銷公司來主辦，至於每季或半年的表揚大會則由直銷團隊來舉辦。很多直銷員終其一生，能獲得別人的肯定，得到當眾表揚機會的，只有在直銷的工作當中，因此他們對於表揚大會非常重視，也讓直銷團隊的此一功能更形重要。

直銷團隊的這四大功能，源自團隊計酬的獎金制度，但是發展到後來，團隊成員之間的感情深厚，有些團隊成員的交情已經超越獎金分享的關係，更有些高階直銷員從幫助別人成長所獲得的成就感是沒有東西可以代替的。要解釋這種現象我們可以拿「馬斯洛」的需求理論來分析，根據馬斯洛的五階層需求理論，人類的最基本需求是生理需求，即獲得溫飽的需求，這種需求就是要有足夠的金錢收入來滿足吃飯、穿衣的基本需求；等到衣食無缺之後，需求就會往上升級到第二階層的安全需求，這時候希望獲得安全的保障，也就是要有房子住，工作有保障；等到生活安全有保障之後，第三階層的需求就是想要有歸屬感，也就是要有朋友，感覺自己屬於一個團體；有了歸屬感之後，第四階層的需求是要有成就感，要獲得別人的肯定；最高的第五階層需求是要有自我實現的機會，也就是追求能讓自己的能力充分發揮，達到幫助別人、協助社會進步的機會。依照馬斯洛的理論，這五階層的

需求是逐步往上昇的，也就是低階的需求滿足之後才會逐步往上提升，不會在衣食無著的時候，就去追求成就感。

　　直銷團隊的價值就在於可以幫助直銷員充分達到馬斯洛的五個階層的需求，當一個人衣食無著的時候，在直銷團隊裡面有人教育他、訓練他，讓他有能力去做直銷員，賺得佣金和獎金來滿足基本的生理需求。等他做得好之後就有能力吸收下線，藉助團隊的力量來教育、訓練下線，收入就更多也更穩定了，這時第二階層安全的需求就得以滿足。接著他在團隊裡面的人際關係和地位也日漸穩固，更加感覺自己是團隊的一份子，也滿足了第三階層的歸屬感。這時候他的業績表現也與時俱進，等到符合高階直銷員的表揚資格，在團隊表揚大會中獲得大家的肯定，他就會有很高的成就感，也就是第四階層成就感需求的滿足。在錢財、名譽都已經滿足了之後，想要追求的就是人生的最高境界：發揮自己的能力幫助別人成功、促進社會進步。所以他在團隊裡面不遺餘力的幫助下線直銷員或新進直銷員，著眼的不是自己的獎金或獎銜，而是幫助別人成功的自我實現的滿足。

　　根據以上分析直銷團隊的功能和價值，在「團隊計酬」的獎金制度取消之後，雖然沒有金錢的誘因讓直銷團隊的高階直銷員去幫助、輔導新進直銷員，但是團隊歸屬感、成就感和自我實現的期望仍可能讓這些直銷領袖們願意繼續維持直銷團隊的運作。在不違反政府法令規定的範圍內，直銷團隊的繼續運作應該有助於直銷市場的健康穩定發展。相信政府主管機關在仔細觀察直銷的精神和運作模式之後，對直銷的觀感會有很大的改變，會從防範非法直銷的立場轉向輔導協助正派直銷的合法經營，從而提高

國民知識水平、提升國民所得，使全國邁向富強康樂的和諧社會。那正是全體國民殷切的期望！也是本書作者以「正派直銷傳教士」自我期許的最大動機！

2016 年 8 月 22 日完稿於桃園市

國家圖書館出版品預行編目（CIP）資料

直銷箴言集／陳得發著. -- 第1版. -- 臺北市：崧燁文化，2018.01
　面；　公分
ISBN 978-986-95988-0-4(平裝)
1. 直銷
496.5　106024477

直銷箴言集

作者：陳得發著
發行人：黃振庭
出版者：崧燁文化事業有限公司
發行者：崧燁文化事業有限公司
E-mail：sonbookservice@gmail.com
部落格：　　　　　　粉絲頁：

地址：台北市中正區重慶南路一段六十一號八樓815室
8F.-815, No.61, Sec. 1, Chongqing S. Rd., Zhongzheng Dist., Taipei City 100, Taiwan (R.O.C.)
電話：(02)2370-3310　傳　真：(02) 2370-3210
總經銷：紅螞蟻圖書有限公司
地址：台北市內湖區舊宗路二段121巷19號　　網址：
電話：02-2795-3656　傳真：02-2795-4100
印刷：京峯彩色印刷有限公司（京峰數位）
發行日期：2018年1月第1版
ISBN：978-986-95988-0-4
定價：320元

★版權所有　　侵權必究★